Ⓢ新潮新書

藤原博史
FUJIWARA Hiroshi

210日ぶりに帰ってきた奇跡のネコ

ペット探偵の奮闘記

新潮社

はじめに

現場は20数センチのすき間でした。薄暗い、家と家との間に目を凝らすと、2メートルほど先に確かに子猫が見えます。黒っぽい背中に、耳。ということは、顔を下向きにして倒れているのでしょう。

「見えましたか？　あのネコです。どうか、ここから出してあげてください」

依頼者の女性が祈るように言います。女性は近くに住んでおり、ここで野良猫が子猫を産んだのに気がついたそうです。ただしばらくすると母猫は姿を消しました。取り残され、衰弱していく子猫を心配して、私にレスキューの電話依頼をしてきたのでした。

すき間の手前側には、小さなプラスチックのカップがいくつも落ちていました。彼女が細い板に乗せてすべらせるようにして、柔らかい食べ物や水を届けようとしたそうです。しかしもう衰弱して口にする気力も無いそうです。

これはもう一刻を争う事態でしょう。

私は荷物を地面に置くと、すき間に右手を入れました。

「じゃあちょっと、やってみますね」

そのまま肘、肩と入れてすき間へ進んでいきます。顔が入り、身体も横向きになんとか入りました。これは私の誇る数少ない得意技なのですが、驚かれるほど身体が柔らかいのです。顔の左右が入るすき間なら、どこにでも入っていけます。

とはいえもう振り向くこともできず、じわじわと進んでいくだけです。配管があってさらに狭い箇所もありますが、ネコのところへたどり着き、手を伸ばしてつかみ上げました。

ネコは動きません。でも体温があり、ちゃんと生きていました。

よし、という思いでそのまま後ろに戻っていき、もうすぐ出られるという時に気がつきました。

「このままじゃ、ダメだ」

夢中になっていて気づかなかったのですが、じつはすき間の部分だけ、通りからかなり低くなっていました。通りから見ると、私は肩の上が出ているだけです。ここをどうやって登ったらいいのか、体勢を整えるためのスペースも、つかめる突起物もありません。でも悩む暇もない。

まずは子猫を女性にそっと手渡しします。彼女の手のひらに収まる小さな身体です。すぐに温めるため、家の中へと保護されていきます。

残された私は何とか、餌を与えるための板を足掛かりにすると、横向きで壁をよじ登り始めました。そして数分後に、日の当たる通りに戻っていました。

すぐに子猫のもとに向かいます。

「ありがとうございます。すぐに、病院へ連れて行きます」

笑顔を見せた女性は、きっと何日間もネコのことを気にかけていたに違いありません。

じつのところ、私も神奈川県からここ京都市の住宅街へ来るまで「行って見てみないと、役に立てるかどうかは分からない」と思っていました。何とか助け出すことができたことにほっとしました。

初めまして、ペット探偵の藤原と申します。迷子になったペットを捜すペットレスキュー（神奈川県藤沢市）を1997年に設立し、20年以上活動してきました。

いまお話ししたような「近所のネコが大変」という依頼もありますが、9割以上は「飼っているペットが逃げてしまった」というご家族からのレスキュー要請です。

すぐに探しに行きたいけれどその体力がないという方もいれば、探しているが見つからない、何をすればよいか教えてほしいという方も大勢います。また依頼されるのは主にネコやイヌのほか、フェレットやプレーリードッグ、ウサギ、モモンガ、ヘビ、トカゲ、フクロウ、インコ、昆虫などありとあらゆるペットです。

行方不明になった現場は依頼者の自宅というケースが最も多いのですが、なかには、家族でキャンプに出かけた先の山奥ということもありました。

つまり呼ばれたら、北海道から沖縄まで、できる限りお引き受けするのが私のモットーなのですが、ひとつだけ「絶対にしない」と決めていることがあります。それは「なぜ逃がしてしまったんですか」と依頼者を責めることです。

私が駆けつけると、飼い主さんはすでに自責の念と捜索の疲れから心身ともにぼろぼろになっていることが少なくありません。ペットの安否が気になって気が気でなく、眠れない方もいます。

全ての飼い主さんに「行方不明にしないための対策」を取って頂きたいのは言うまでもありませんが、どんなに用心しても、思わぬ事態からペットがいなくなることはあり得ます。またこれは事件ではないか、と思える事態に遭遇することもありました。

これまで私が受けてきた依頼は約3000件になり、およそ7割のペットを依頼者のもとにお戻ししてきました。ネコだけに絞ると可能性は8割ほどに上ります。

本書では、様々な状況から「行方不明になってしまった」ペットが家族と再会するまでの7つの物語をみなさんにお届けしたいと思います。さっそく、思いもよらない事件から行方不明になったネコのお話から始めましょう。

＊本書に登場する名前や地名は、プライバシー保護の観点から一部改変していること、ご理解ください。

神社での捜索、ネコの潜みそうなすき間や物陰を見ていく

使ったばかりの捕獲器、ネコの足跡が残っていた（右上面）

210日ぶりに帰ってきた奇跡のネコ　ペット探偵の奮闘記◆目次

第1章　空き巣事件に遭った20歳のネコ

聞き取れない電話

「もしもし、もしもし！　ペットレスキューさんかしら？　うちに空き巣が入って、ネコが出て行っちゃったんですよ‼」

正月早々、1月3日の晩に電話が鳴りました。応答した瞬間、いきなり女性が叫んでいる声が耳に飛び込んできたのです。

あまりの勢いに何を言っているのか、まったく訳がわかりません。110番にかけようとして間違ったのか、よほど動転して取り乱しているのか。どちらにせよ、ただ事ではなさそうです。黙って聞いていると、やはりペットレスキューへかけてきているようなのです。

「まあ、ちょっと落ち着いてください」

女性をなだめながら、少しずつ話を聞き出していきます。そして聞くうちに私の正月気分はすっかり覚めていきました。

名古屋在住の山崎さんは、旦那さんと二人で年末から正月にかけて恒例の温泉旅行に出かけていました。ところが留守宅に空き巣が入り、割られたガラス窓のすき間から、飼い猫が逃げ出したということでした。ちょうど元日だったといいます。

被害のほうはどうだったんですか、とつい尋ねた私に山崎さんは大声で言いました。

「盗られたものなんて構いません。でも、〝たいちゃん〟だけがいないんです。どこを探してもいません。本当にいいんです、たいちゃんさえ戻って来てくれたら……」

その言葉に、私は「はい、すぐ行きます」と答えていました。そう言いながらも、手元で手帳を確認します。やっぱり、捜索に行くなら明日一日しかない。

じつはちょうどその頃、私の仕事がメディアに取りあげられて、依頼の電話が鳴りやまなくなっていました。明後日からは、すでに約束をしている別の現場に行かなければなりません。

しかしネコに限らず、いなくなったペットの捜索は一日でも早く取りかかるのがいいのです。発見率は探し始めるのが早ければ早いほど上がります。迷わず私は、この年最初となる捜索の準備にかかりました。

セコムをかけ忘れて

山崎さんに電話で聞いた住所は、名古屋でも知られた高級住宅街の中でした。そして翌朝、着いたところはお城のように巨大な邸宅だったのです。とにかく豪奢な建物で門構えも立派です。

出迎えてくれた奥さんの顔には、心配そうな表情が浮かんでいました。と同時に、いかにも愛情あふれる女性ということが見て取れます。いなくなったネコへの愛情の強さが、電話でのパニックとなって表れていたのでしょう。

奥さんにすぐさま、当日の状況を詳しく教えてもらいました。

「温泉旅行へ出かけている間は、近所に住む私の姉にネコの世話を頼んでいました。ただ元日の夕方、姉が帰るときにセコムの警報装置をセットするのを忘れたようなのです。

そのスキに空き巣が入りました。警察は計画的に狙われていたんでしょうと言っています。

そして姉が翌日戻ったときには、大変なことになっていました。裏側の玄関の横にある窓ガラスが割られ、家の中はすみずみまで荒らされていたのです。貴金属やお金はすべて取られてしまいました。でも、そんなことはいいんです。

うちでは6匹のネコを飼っていますが、そのうち1匹が見つかりません。たいちゃんです。窓ガラスの割れたすき間から出て行ってしまったらしいのです」

連絡を受けた山崎さん夫婦は急遽、温泉宿を引き上げ、真夜中に降りしきる雪の中、車を飛ばして帰宅したそうです。すぐさま近所をあちこち探したけれど、どうにも姿がない。それで奥さんが私に電話してきたというわけです。

私が訪ねたのは空き巣被害から3日後でした。すでに警察の現場検証は終わっており、足跡などからみると、押し入った空き巣は3人ほどだったとのこと。割られた窓ガラスには段ボールが張り付けられていました。

「かわいそうに、たいちゃんは雌の日本猫で、もう20歳なんです。足腰も弱っているので、歩くのもおぼつかないんです。一刻も早く見つけてあげなくちゃ」

ネコで20歳とは、人間で言うと100歳くらいという大変な高齢です。ずっと自宅で過ごしてきたというたいちゃんが外に出てからもう二晩以上経っていること、この寒さの中ではおそらく食べ物も得られていないことを考えると、体力的なリミットは刻々と迫っているでしょう。

ネコ専用のお部屋

たいちゃんが暮らしていた場所を案内してもらうと、それは見たこともないほど立派なネコの部屋でした。そもそも邸宅全体で部屋数が多いのですが、そのうち2部屋が飼い猫専用になっているのです。

2階にある20畳ほどもあるスペースに、壁際を伝って天井へ登る遊具から、ネコが寝そべるソファーまで、オーダーメイドで作られたようです。その部屋からネコ用の階段を上がると、3階の寝室があります。1匹ずつベッドが置かれ、全員がその部屋で寝ているのです。

もちろんこのスペース以外の広い家の中も自由に出入りしながら、仲間のネコ達と暮らしていました。

空き巣が入ってきたときは、6匹揃って家にいましたが、たいちゃんだけが姿を消しました。おそらく知らない人間が入ってきた気配を感じ、他のネコたちはすぐに家のどこかへ身を隠したのでしょう。たいちゃんは逃げ遅れてしまい、すっかり怯えてしまったのかもしれません。空き巣が2階、3階へと上がっていくなか、たいちゃんは1階へ降り、窓から外へ逃げだしてしまったのだと考えられます。

ただ、20歳という年齢であれば、眼もぼやけてくるし、鼻もあまり利かないはずです。遠くまでは歩けないから、まだ近くにいるだろうと考えました。

ご自宅の周辺を歩いて捜索することにしました。

室内猫の「脱走パターン」

まず、割れた窓を背にして立ちます。ここを出たたいちゃんがどのように歩いたかを考えることが、捜索の第一歩です。室内で飼っているネコの場合は特に、身体の片側を建物につけるようにして、壁面に沿って移動する癖があります。すると身体の一方が必ず壁で守られる格好になります。これで安心感が持てるようなのです。

道路などを渡ると身体の両面を晒してしまうことになるため、横断を避けながら移動していきます。こうして歩き、縁の下や簡易物置きの下、マンションの1階ベランダ部分と地面のすき間、排水溝の中、茂みの中などを見つけて身を潜め、周りの状況を観察しているのです。

極端に警戒心が強いネコであれば、その状態で動かずに数週間同じ場所にとどまっていることもあります。そこが安心できる場所であれば、その場所を起点にして行動し、何かあればすぐに駆け込むといった行動パターンも見せます。

私も同じようにして、右回りに自宅建物に沿って歩きます。ネコが潜みそうなすき間、隠れ場所を見つけては確認していきます。でも奥さんが言うように、敷地内にはたいちゃんの姿や痕跡は見つかりません。

となれば、近隣の家を一軒一軒まわって捜していきます。ただ、いつもとは勝手がまるで違うのです。なにしろ超高級住宅街ですから、どのお宅もずば抜けて大きいのです。

門の入り口に警備員がいるような物々しい家もあり、玄関に立つだけで気後れしてしまいます。

こんな場合に頼りになるのは飼い主さんです。奥さんと一緒にご近所を訪ねては、ピンポンとブザーを鳴らします。昼間は留守にしている家も多い一方、インターフォン越しに話すことができたら、こちらの事情を伝えます。

「うちのネコがいなくなってしまって、ご近所を捜しているんです。ちょっとお宅を見せて頂けませんか」

切羽詰まった奥さんの声を聞いて、家の敷地内へ入れてくれる人もいました。どこも広い庭があり、植え込みや軒下をくまなく捜してまわります。そうして一軒一軒潰していくのですが、迷い猫の姿を見かけたという目撃情報はありません。

住宅街の道路も捜します。排水溝を覗いたり、ネコが好みそうな物陰があれば潜ってみたり、とにかく目につくところはもれなく確認していきます。それでもたいちゃんは見当たりません。住宅街の裏手は小高い山になっていて、草むらの奥に潜んでいるのではと登ってみましたが、ここでも見つかりませんでした。

どうも、近くにはいないようだ。

年齢から考えると、たいちゃんは人目につかない物陰やどこかの庭先に隠れているという予想でしたが、少し違ったようです。外に出たことがないため、自宅の位置が分からずに戻って来られないのかもしれない。迷子になってしまっているのかもしれない。歩くのもおぼつかないというたいちゃんは、機敏に身を隠すことはできません。ならば豪邸の門が連なる表通りをうろうろ歩きながら、自分の家を探している可能性もあります。

「たいちゃんはもう少し遠くにいるかもしれませんね」

私は用意したチラシを投函しながら、たいちゃんが歩きやすそうなルート、冷たい風を避けられる場所、ふらふらと歩いて落ちてしまっているかもしれない排水溝などを確認し、捜索の範囲を広げていきます。

日が落ちて夕闇が迫ります。でももしかすると、誰かがたいちゃんの姿を見ているかもしれない。チラシを見た方からの情報提供にも望みをかけます。

「そのネコを見ましたよ」

思いがけず山崎さん宅に連絡が入ったのは、その日の19時頃でした。すっかり暗くなり、冷え込みも厳しさを増しています。

その電話があったとき、私は数軒先のお宅の玄関先に立つ警備員さんに聞き込みをしている最中でした。そこに奥さんから電話が入ったのです。

「藤原さーん、たいちゃん、たいちゃんがー‼　※☆△◎」

後半は何を言っているのかまったくわかりません。

「ちょっと、私、戻りますね」

何か動きがあったに違いありません。ご自宅に向かって走ると、近付くにつれ奥さんが携帯に向かって叫んでいる姿が見えてきました。

「もしもしどこ、そこはどこなの？　ああ藤原さん、たいちゃんを見かけた人と電話で話してるけどちょっと分からないの」

「もしもしお電話代わりました。ペットレスキューの藤原と申します」

電話口の女性は、近隣で陶芸教室をひらいている方でした。

「今日、お昼にそのネコを見ましたよ。写真も撮っているんです」

昼時に外へ出たところ、門の前で迷い猫を見つけ、生ハムと水を与えてくれたといいます。夕方になって私たちが配ったチラシを見つけ、連絡してくれたのです。

「ありがとうございます。すぐに向かいます」

奥さんに事情を説明すると、奥さんが意外なことを言い出しました。タクシーを呼ぶというのです。「近くですから走っていけば断然早く到着するので」とお断りするのですが、「一刻も早く向かってほしいから」と話を聞いてくれません。

一緒にいたお姉さん夫婦がここは藤原さんに任せましょうと説得してくれて、やっとその場が収まりました。私はキャリーケースを預かり、目撃情報の場所へと走ります。

すると、奥さんが後ろから何やら叫びながら追いかけてくるのです。それほどにたいちゃんに会いたくて、無事を確かめたくて、たまらないのでしょう。その気持ちは痛いほどわかります。

でも、あまり大騒ぎをすると、驚いてまた逃げてしまうことがあります。じつはこのケースに限らず、ペットを捜すときに「必死になって名前を呼ぶ」「大声を出して捜し回る」というのは厳禁です。「おかしいな、いつもと違う」と感じたペットが、姿を現してくれることは決してありません。物陰に潜んだり、隠れたり、あるいはその場を避けて逃げ出してしまいます。

どんなに不安でも、そこはぐっと堪えながらいつもと同じように名前を呼ぶこと、走って駆け寄ったりしないことが肝心です。山崎さんの奥さんには申し訳ないのですが、ここは一人で素早く向かいます。

陶芸教室の女性に話を聞き、撮った写真を見せてもらいました。たいちゃんに間違いありません。生ハムと水をもらったあと、どこに行ったのか。周囲を見ると、この敷地内のどこかに身を潜めているのではないかと思いました。

そこで女性が言います。

「いま出ているうちのイヌが、もうすぐ帰ってくるんですよ」

たいちゃんがもしその姿を見たら、おそらく逃げてしまうでしょう。イヌが帰ってくるまでに急いで捜さなければなりません。

裏庭へまわりこむと、すぐに物置にしているという建物に目が留まりました。

縁の下で光った目

あたりは暗闇で何も見えませんが、ここにいるという気配を感じます。物置の縁の下に近寄りながら懐中電灯を照らすと、光の輪の中にたいちゃんの姿が浮かびあがりました。

そっと近づいても、ずっと横を向いたまま動きません。

「ああ、耳がもう聞こえていないのかもしれない」

奥へ手を突っ込んでも逃げません。思いきって身体をつかまえ、引きずり出してキャリーケースの中へ押し込みました。たいちゃんはまったく抵抗もせず、捕まえられたときに初めて人の気配に気づいたようで、呆然としている状態だったのです。

「たいちゃん、たいちゃーん！」

そのとき通りの方から、奥さんの声が聞こえてきました。静まり返った住宅街に響き渡るようでした。女性にお礼を伝えるとすぐ、私はキャリーケースを抱えて奥さんの方へ急ぎました。

奥さんは道にしゃがみこみ、たいちゃんの名前を叫んでいました。私はキャリーごとそっと手渡しながら伝えました。

「間違いなくたいちゃんですよ。とりあえず元気そうです、よかったですね」

自宅の門の前では、仕事から戻ったご主人に迎えられました。世界的に知られる専門分野の会社経営をされているといい、冷静沈着で風格ある雰囲気が伝わってきます。また お姉さん夫婦に加えて、甥御さんも駆けつけてきていました。

無事に戻ったたいちゃんを見て、皆さんはもう号泣しています。たいちゃんのほうはまあ淡々としていましたが、ホッと安心はしていたはずです。リビングに戻り、キャリーケースを出たたいちゃんは5匹のネコたちに迎えられて、すぐ自分のお気に入りの場所に向かいました。

やさしい手助けと電話で

真冬の寒さの中で、3日間。食べ物と水をくれた女性の助けがあって、奇跡のように自宅に戻れたことは間違いありません。まさに100歳のネコ、たいちゃんの思わぬ大冒険でした。

新年早々、思いもよらない空き巣事件に遭ったご夫妻も、きっとたいちゃんの帰還で、日常に戻っていくでしょう。そう確信できるほどに「一番の宝物が戻ってきた」という喜び方でした。

とはいえ、家族のためにあれほどの環境を整え、防犯対策をしていても、思わぬリスクからネコがいなくなることがあるのです。

落ち着いた奥さんが、こう話してくれました。

「ちょっと前に、藤原さんのことをたまたまテレビで見たんですよ。その時に『うちの子たちに何かあったら、この人に頼もう』と思ったんですけどね、まさか本当にお願いすることになるなんて。こんなことがあるなんて」

もう1日でも依頼の電話が遅かったなら、たいちゃんは体力的に持たなかったかもしれません。依頼に応えられて、見つけられて、本当に良かった――。

「見つかって本当に、嬉しいです。皆さん、頑張りましたね」

そうお伝えして、私は次の捜索現場へと向かいました。

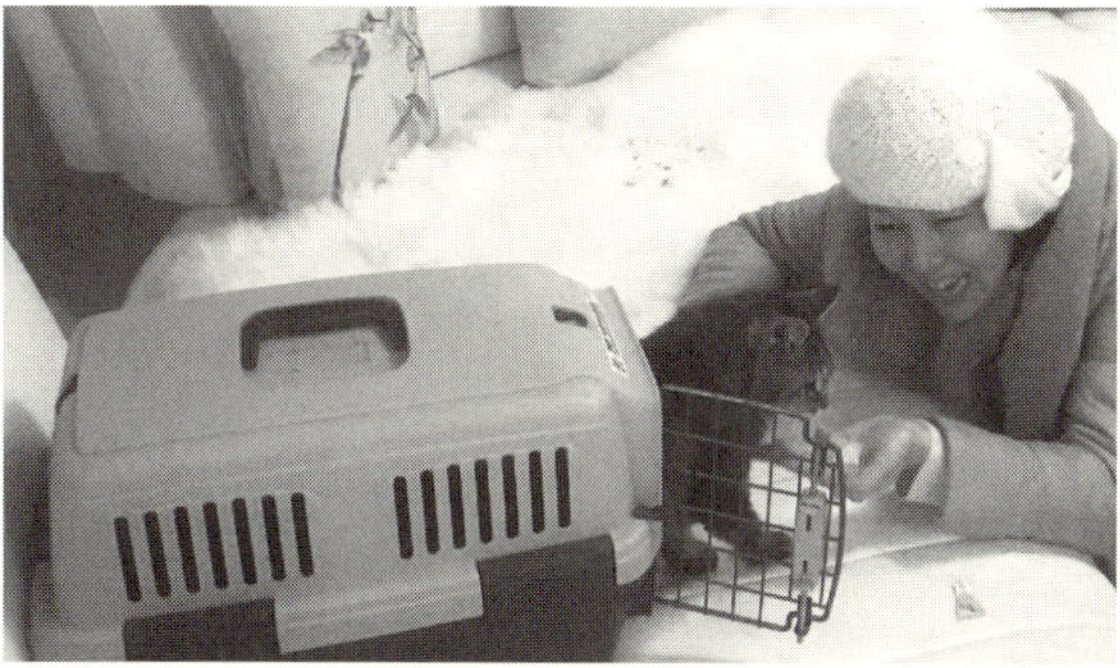

▲戻ってきたたいちゃんを、涙と笑顔で迎えた奥さん
◀人が大好きで、誰が話しかけても必ずお返事をする20歳。再び家族と一緒に暮らし、1週間後に天国へ。「だからこそ見つかったことは奇跡で、心から感謝しています」（奥さん）

第2章　引っ越し翌日に消えた兄妹ネコ

森に棲むネコ

「もしもし、ペットレスキューさんでしょうか。佐藤と申します。ネコが1匹、いなくなったんです。いえ、うちで飼っているネコではなくて、うちに餌を食べにくるネコです。すぐにうちへ、葉山へ来てもらえないでしょうか」

佐藤さんご夫婦から電話を受けた私は、ちょっと驚きました。餌を食べにくる程度なら、よそのうちの飼い猫かもしれません。そんなネコを捜してほしいというのは、どんな理由からなのか。もちろん私が捜索に行けば、捜索費用が発生します。

とはいえ、佐藤さんの奥さんの切迫した声に、私は「行きます」と答えていました。

その前日に、別件で捜していたネコが無事に見つかりスケジュールが空いたところだったのです。

聞いた住所をナビに入れ、会社のある神奈川県藤沢市から車で40分ほどの葉山へ向かいます。街道を左折して細い路地を進むと、急にあたりの気配が変わりました。広大な神社を囲む鎮守の森と、いくつかの民家。どの家もとても大きく、別荘地のような雰囲気でした。

上り坂を進んでいくと、行き止まりにヨーロッパ調のお洒落な家が現れました。家の裏は森でした。野鳥が家の周りを飛びかい、美しい声で鳴いています。玄関に辿り着くと、野生のリスがすぐ横の枝の上にいました。自然の気配が色濃く感じられます。出てきた佐藤さん夫婦は、私を見るなり話を始めました。

「いなくなったのはギャルソンといいます。茶トラに白がまじった大柄な雄です。もう1匹、三毛猫の雌がいて、名前はコロラ。コロラはいまは見当たりませんが、昨日もうちに来ていました。2匹は兄妹で、この森の中で生まれたんです。年は5歳くらいでしょうか。

じつは2匹を連れて、私たちは温暖で住みやすい大分に引っ越す予定なんです。その矢先に、ギャルソンがいなくなってしまった」

その言葉からは、ご夫婦がネコたちをとても可愛がってきたことが伝わってきました。ずっと餌をあげてきた自分たちがいなくなれば、2匹は困るだろう。夫婦で話し合い、連れて行くことを決めたそうです。

そういう経緯ならば、きっとこの近くにいるはずだ。私は周りの様子を観察しながら、もう少し詳しく事情を聞くことにしました。

敷地から外に向かって呼んでみる

2匹は毎日餌をもらいにきていたが、冬の寒いとき以外は佐藤さん宅で寝ることはなかったこと。この森は自然のままに近く、リスのほかにアライグマ、タヌキ、トビなども見られること。つまり2匹は森の中で暮らし、好きなときに佐藤さん宅を訪ねる生活をしていたわけです。

これは行方不明というより、どこかに出かけているのだろう。私が捜索をするよりも、ギャルソンをおびき寄せるほうがいい。そう判断した私は、ご夫婦に呼び方と餌の仕掛け方を伝えました。

「家の敷地から外に向かって、名前を呼んでみてください。付近で方向を見失っている場合、発情期などで他に関心が向いている場合に、自分で戻ってくることがあります。くれぐれも、名前はいつも通り、優しく呼んであげてください。必死になって大声で呼ぶと、いつもと違うと感じて警戒してしまいます。

そして敷地付近には、いつもの餌を置いてみましょう。帰るつもりがなくても匂いにつられて、戻る意識が高くなります」

その晩、佐藤さんから連絡がありました。ギャルソンが戻ってきたというのです。これで一件落着です。２匹のどちらにも会わないままでしたが、無事戻ってきたなら何よりです。

ですがこのすぐ後に、「どちらか1匹だけでも、顔を見ていたら」と思うことが起きるのです。この時には、予想すらしていませんでした。

引っ越しした翌日に

しばらく経ったころ、電話がかかってきました。見ると佐藤さんの奥さんです。もう引っ越したはずなのにと不思議に思いながら、私は通話ボタンを押しました。

「佐藤です。ギャルソンとコロラがいなくなってしまいました。こちらへ越してきた翌日です。新居ではうちに入れていたのですが、外の空気も吸わせてあげたいと庭に作った小屋から、逃げ出してしまって。

いなくなった日は2匹の声が時々聞こえたものの、姿は見つけられませんでした。翌日にギャルソンだけがうちへ帰ってきて……」

にもかかわらずご夫婦はここで、戻ってきたギャルソンを放してしまったというのです。

引っ越し直後で土地勘もないことから、ギャルソンがコロラを連れて帰ってくることを期待したのでしょう。しかし、これが残念な結果に繋がります。3日目にギャルソンも行方不明になり、私に連絡してきたのでした。

私はこの時、遠く離れた地方で別の捜索をしていました。ほかの依頼も立て込んでおり、大分へ行けたのは1カ月以上が経過した6月初めになっていました。

佐藤さんの新居は、新興住宅街の中でした。郊外にきれいな一軒家が立ち並んだ、いわゆるニュータウンです。これまで森の中に棲んでいた2匹は、いきなり全く違う環境に連れていかれたわけです。

この大きな変化については、ご夫婦も心配していました。そこでご主人が庭に専用の小屋を作ったわけです。そこなら、ひなたぼっこもできる。ところが木材と金網でできた小屋から、2匹は脱走したのです。網の下の地面を掘って――。土を掘るなんて、まず普通のネコでは考えられません。ですがこの2匹は非常に野性味の強いネコなのです。

ご夫婦からこうした経緯を聞いた後、私は現場の捜索を開始しました。

ネコになって現場を見る

2匹の特徴は飼い猫ではないこと、そして警戒心が強く、佐藤さん夫婦以外の人には馴れていないことです。最近まで森の中にひそみ、風の音を聞きながら暮らしていました。ギャルソンとコロラは、ここからどこへ行ったのでしょうか。

2匹が掘った穴のすぐそばに立ち、周囲を見渡します。どんなペットを捜すときも、これはとても大事なことです。そしてその動物の立場になって考える。

これは説明が難しいのですが、たとえばギャルソンとコロラの目の高さで周囲を見てみるだけでも、景色はずいぶん違ってくるのです。どちらの方向に向かっただろう。何を考えただろう。

このときふと「2匹は葉山に帰ろうとしたんじゃないか」という思いがよぎりました。「自分のうちはここじゃない」と。それなら自分の帰巣本能に従って歩くでしょう。

ただネコの方向感覚というものは、個体差が激しいことが知られています。帰巣本能が強いネコなら距離があっても自宅に戻ることができますが、今回のケースは方向感覚で帰れるお話ではありません。そして、全然違う方向を家だと勘違いして移動してしまうネコもいます。

また2匹が一緒にいなくなったことは一見プラス材料に思えますが、ネコやイヌが複数で一緒に行動することはあまりないのです。２匹それぞれを捜索することになるでしょう。

そう考えていると、佐藤さんの奥さんが急に尋ねました。

「２匹は見つかるでしょうか」

「見つかると思いますよ」

自然と私はこう答えていました。この時はそう感じたのです。根拠はと問い詰められれば、「ありません」と言わなければなりません。ですが私の場合は、長年捜索をしてきた経験と結果、行方不明になった場所に立ってみて感じることを総合した「感触」から言えると思います。

彼らはこの住宅地を出るだろう。飲み水が確保できる池や貯水池、餌が得られる茂みや森などを目指して行くだろう。ちょうどいなくなった季節は春、虫やカエルが出てくる頃でした。夏になればセミも彼らの餌になります。セミは良いタンパク源になります。

行方不明になって１カ月以上経っていましたが、自力で生きる力のある彼らなら、きっと生き延びているはず。私にはそう思えました。

必ず地図とチラシを持って

現場を見終えたら、付近の捜索に掛かります。そのために欠かせないアイテムが地図とチラシ。順に説明していきましょう。

地図には様々な種類がありますが、比較的狭い範囲を密に捜す必要があるネコの場合は、住宅地図が適しています。私が必ず用意する地図は、細かな情報が得られる「ゼンリン住宅地図」出力サービスで、１５００分の１の縮尺相当のもの。建物の形やビル名、表札の名前も入っています。

住所を入力すれば、コンビニのプリンターで手軽に出力することができ、必要なら何枚かを貼り合わせて広域地図を作ります。もちろん地図はスマホやタブレットでも見られますが、屋外で頻繁に書き込んだり、確かめたりするのには紙が圧倒的に便利です。

佐藤さんの新居を中心にした地図を作ってみると、各方面にいくつか田んぼや貯水池などがあることが分かりました。これは2匹が行きそうな候補地ですから、マークしておきます。

もうひとつ用意をするのが、第1章でもお話ししたチラシです。「ネコを探しています」という写真つきのものをご覧になったことがあるでしょう。このチラシを配ったり投函したりするのは、目撃情報を寄せてもらうためです。

チラシ作りで重要なポイントは「文字を少なく、写真を大きく」です。ペットが心配でたまらない飼い主さんほど、あらゆる情報を伝えようと文章過多になりがちです。すると写真を載せるスペースが小さくなるか、文字が読めないほど小さくなってしまい、逆効果です。

また用語として「ハチワレ」「ソックス」など、ペット好きにはすぐ分かっても一般の人には伝わりづらいものは避けましょう。

ペットの写真は、自分で1枚選んでみると分かるのですが、飼い主さんはつい「かわいい顔のもの」を選びがちです。ですが「かわいい」写真では、身体全体の特徴や模様が分かりづらいことが少なくありません。ぱっと見た人にも、姿と特徴を目に留めてもらうことが大事です。

飼い主さんに普段の写真を見せてもらうことは、私にとっても必要なことです。顔つきや体格の特徴、肉のつき方は大きな捜索の手掛かりになるからです。佐藤さんの場合、餌やりが中心だったこともあって、持っている写真はさほど多くありませんでした。

チラシは手書きすることも可能ですが、PCで作るほうが読みやすいでしょう。印刷は、家庭用のプリンターで出力すれば好きな時に何枚も出せて便利なのですが、お勧めしません。濡れるとすぐににじんでしまい、肝心の連絡先などが消えてしまうからです。時々、ビニール袋とセロハンテープで補強したものも見かけますが、たいていやっぱり雨が浸み込んでしまっています。

私の場合は文面のデータを作ったら、印刷所に依頼します。濡れても丈夫で色乗りも良い紙を指定し、ケースにもよりますが2000枚ほど印刷します。

用意した地図とチラシを持って、まずご近所回りから始めました。ギャルソンが前回戻ってきたように、ネコの場合は自宅の近くに留まっていることが珍しくありません。佐藤さん夫婦とともに、ご近所のインターフォンを鳴らしていき、ギャルソンとコロラを捜していることを伝えました。敷地が隣り合っている場合は、縁の下や物置などを見せてもらいます。お話しながらチラシを手渡し、お留守のお宅にはチラシを投函していきます。

時折立ち止まって、地図に書き込みをしていきます。チラシ投函をしたお宅、敷地を見せてもらったお宅。そしてご近所の雰囲気を十分に感じながら、捜しているペットの気持ちになって歩きます。

イヌは「線を押さえる」、ネコは「面をつぶす」

この仕事をしていると、相談を受けることがよくあります。

「いなくなったイヌを探して、チラシをもう1000枚投函しました。でもまったく目撃情報が集まらないんです。ここからどうチラシを配っていったらいいでしょうか」

困り果てた様子で言う飼い主さんがいました。個人でこれだけの数をポスティングするのは大仕事です。それでちょっと聞いてみました。

「どの範囲に投函しているんですか？」

地図で見てみると、投函した範囲はイヌがいなくなった地点から半径200メートルの住宅街に留まっていました。密集した住宅街なので1000枚はけたわけです。さらに聞くと、行方不明になってからもう1週間といいます。

イヌの種類にもよりますが、200メートルの距離なら数十秒で抜けてしまいます。つまり投函の仕方というより、投函で情報を募るという捜し方が合っていないのです。仮に数十秒でこのエリアを駆け抜けていれば、どんなに目を惹くチラシを入れていっても、情報が寄せられないのは不思議でもなんでもありません。本当にほぼ誰も、見ていないからです。すると貴重な最初の1週間をムダにしてしまいます。

以前、こんなケースがありました。イヌが飼い主さんから離れてしまい、その拍子にオートバイと接触しました。パニック状態になったイヌはまっすぐに走りだし、結局、車にひかれて死んでしまったのです。そこは走りだした地点から1キロも離れた場所でした。つまりイヌの場合、短時間でそれほど遠くまで離れる力があるわけです。近くばかりを念入りにやっていてはペットにたどり着けない。その動物に合った初動が大事です。

犬種や失踪状況、性格によりますが、イヌの場合は基本的に、チラシ投函は効果がありません。イヌはインターネットやポスターをつかって広範囲に情報を発信して「線を押さえる」ことが大事です。

ちなみにチラシとポスターと言っていますが、私はＢ５サイズで作ったチラシをポスターとしても使っています。別々に作る必要はありません。もちろんポスターを貼らせてもらった地点も、手元の地図にマークしておくことが重要です。捜す期間が長くなるほど、こうした地道な作業があとで活きてきます。

ではネコはどう捜すのでしょう。基本的にチラシを投函して「面をつぶす」作業をしていきます。ネコももちろん移動しますが、身体の構造から高い所へ上ったり、低地へ下りたり、狭いすき間にもぐったりと三次元的な動きをします。イヌが二次元的な動きしかできないのと対照的です。警戒心が強く、用心深いネコなら、１カ月経っても近距離に潜んでいる可能性も十分にあります。

しかしご近所回りをしてみて、ギャルソンとコロラはもう移動していると判断がつきました。性格的にも移動型ですし、彼らが住みなれない住宅街に留まる理由がありません。すると「面をつぶす」と同時に「線を押さえる」、両方組み合わせた捜索が必要になってきました。

10件もの目撃情報

私はどのチラシにも、連絡先として「ペットレスキュー」名義のフリーダイヤルを掲載することにしています。小さなことですが、そのほうが気兼ねなく電話をかけて下さると思うからです。皆さん親切心から、「きっと間違いない」と連絡をくれるのですが、それが全部アタリかというと、そうではありません。

チラシ投函の効果はすぐ出て、10件以上の情報が集まってきました。「コロラちゃんだと思います」「ギャルソンに似たネコを見ました」という地点を地図に落としていくと、すべて違う場所、違う方向だったのです。ということはこのほとんどが間違いです。

ただこれには事情もあります。三毛猫のコロラと、茶トラに白が入ったギャルソンはどちらも日本猫、いわばどこにでもいるネコなのです。これがロシアンブルーやチンチラなど外見的に特徴のあるネコの場合、話は変わってきます。

それぞれ「向かって左側の目の周りが黒い」（コロラ）、「しっぽが長く、先が曲がっている」（ギャルソン）という特徴はありますが、一瞬見てここまで把握できるのはやはり自分でもネコを飼っている方、詳しい方に限られるでしょう。

この間、２匹が家へ戻ってきた形跡はありませんでした。家の前に２匹の好物を置いていましたが、見かけるのはいつも別のネコです。

集まってきた10数件のうち、ひとつ有力と思われるものがありました。住宅街を出た藪で見たというものです。佐藤さん宅から３００メートルほど離れた場所でした。斜面に草や木が生い茂っており、傾斜もきつく滑りやすいため人は入っていけないといいます。ただし目撃は「ギャルソン１匹だけ」でした。

行ってみると、藪の繁り具合が葉山の環境とよく似ていたのです。ここかもしれない。佐藤さんとも相談しながら、ここに集中して捜す方針を決めました。

藪や草むらでも、よく見てみると通り道があるものです。その中でも平坦な場所を狙って捕獲器を仕掛けます。なぜ捕獲器かというと、行方不明になったネコを見つけて、素手で捕まえるのはかなり難しいからです。「面識」のない私はもちろん、飼い主さんが呼びかけても、再び逃げることはよくあります。それが予想できるときには捕獲器の出番です。

捕獲器はステンレスの網で出来ています。ネコが中に入って餌を食べようと奥の踏み板を踏むと、カシャンと入り口が閉まる仕掛けです。仕掛けるときには、ギャルソンが普段使っていた「トイレの砂」を周りに撒いたり、シーツを捕獲器に巻いたりと、おびき寄せるための工夫をしておきます。内部には好物のネコ缶を置きました。

3台ほど仕掛けて、様子を見ます。そして日中に数回、そして真夜中と午前2時に確認に行きます。もちろん夜が明けてから見に行くこともできますが、捕獲器は狭いですし、入っているならできるだけ早く回収してあげたい。それにほかのネコが入ってしまっている場合もあります。

ところが、なかなか掛かりません。いると思ったら違うネコだったということが続きました。

ただし作業を続けると、ギャルソンがいるのはここではないなという感覚も生まれてきました。いくら捜索をしてみても出てきませんし、周囲にちょっと似た感じのネコがいることが分かったのです。だったら「見間違い」だったのかもしれない。これは良くあることです。

とんでもない捜索料金

この藪を中心にした捜索を、３カ月ほど続けました。各方向の地域に範囲を大きく広げてもいました。季節はもう秋になっていました。私は初回の6月、８月、９月とここまでで3回の出張をしており、大分滞在はのべ日数で30日ほどにもなります。

藤沢市から大分への出張費込みですから、交通費や宿泊費が捜索費に大きく加算されてきます。ほかのケースに比べてかなり割高、正直に言ってとんでもない料金になっていると言わざるを得ません。ですが捜索を終えて藤沢へ戻ると「もう一度お願いします」という佐藤さんからの電話が必ず来るのでした。

ある時、電話で佐藤さんの奥さんにこう聞かれました。

「２匹は見つかるでしょうか」

捜索を始めたときと同じ問いでした。私も「見つかると思いますよ」と、あのときと同じように答えました。そう感じていたからです。２匹はかなり遠くへ移動してしまっているだろう。移動を終えて、どこかの地点に定着し出した頃に、捜索の手が「届く」

はずだという確信のようなものがあったのです。

とはいえ、いつまでも捜索を続けるわけにはいきません。ひとつのケースにつき、捜索料金の上限は100万円までと私は決めています。かなりの作業を積み重ねてきており、例えば投函したチラシひとつを取ってみても数千枚になっていましたが、この額以上の料金を請求することは私にはできません。

またこれは私の事情ですが、ほかの依頼も相次いでいました。知り合いのツテなどでペットレスキューを知った飼い主さんたちが、精神的に参りそうになりながら順番を待ってもいたのです。

そこで最後にもう1回だけやりましょう、とご夫妻と決めました。10月末、4回目となる捜索では思いきって範囲もうんと広げました。またいくつかの移動候補地をピックアップしていました。まず飲み水が確保できること、そしてフェンスなどがあって人間は入れないけどネコは入れる場所です。こうした新たな地点を狙いながら、私がしたいようにやらせてもらった捜索でした。

そして予定していた作業をすべて終え、藤沢に戻ってきたのです。

「この子ですか？　動画があります」

それから数日が過ぎたある日、電話が鳴りました。

「はい、ペットレスキューです」

「探しているネコは、この子でしょうか？　動画も撮っていますので、お送りします」

それはぜひお願いしますと伝えて、動画を見ました。

ギャルソンでした。

佐藤さんにも確認してもらうと、

「ギャルソンに間違いない」。

ギャルソンが庭に現れ、とことこと窓へ近寄ってきます。何かを感じて後ろを向き、そのまま姿を消しました。リビングの中から撮られた映像は、10秒ほどのものです。ただし3カ月前に撮ったものといいます。でもまだ、近くにいるかもしれません。すぐに佐藤さんと相談し、私は大分へ向かいました。

「自宅でスズメに餌をやっているのですが、そのスズメを何度も狙いに来たネコがいまして……」

ということは、この方は動画を撮りながら見張りをしていたのでしょう。それが貴重な手掛かりになりました。何度も再生して見ていると、元々大柄ですからわかりにくいものの、背中から腰にかけて痩せています。また後ろ脚も痩せていて、窓辺から立ち去るときの歩き方には疲労が感じられました。でも、ちゃんと生きている。時差はあるものの、行方不明になってから初めて確認できた「無事」でした。

そしてもう1本、電話が入ったのです。

「このネコ見ましたよ、昨日です」

この方は写真を撮っていました。イヌの散歩中に近づいて来たネコがチラシのネコに似ていると気がつき、機転を利かせて携帯電話で撮影してくれていたのです。これも見ると、ギャルソンに間違いありませんでした。

ああ、来た！　ギャルソンに近づいている!!

これもすぐ現場へ向かいます。到着すると、ちょうど目撃されたのと同じ時刻になっていました。

すると目の前に、ギャルソンが現れたのです。そこは佐藤さんの新居から2キロ離れた、別の住宅街の中でした。

見た目はギャルソンに間違いない、茶トラ白のネコが、散歩中のおばあさんに餌をねだっていました。自分から寄っていき、ニャーと鳴きます。

その姿は驚きでもあり、ショッキングでもありました。森の中で育ち、佐藤さん夫婦以外には懐かないはずのネコが、ちょっと「媚」を売っているように見えたからです。

でもすぐに、私は考え直しました。いくら野性味の強いネコにも、苛酷な日々だったのだと。行方不明になってから7カ月近く、もう11月になっていました。こうやって、自分の行動を変えてまで生き延びてきたのかという感慨も湧いてきました。

安心して日々を過ごせる環境に、戻してあげたい。

ギャルソンがいるすぐ近くに捕獲器を設置して、一旦その場所を離れます。

すぐギャルソンが興味を示し、捕獲器に近づいてきます。中を覗き込み奥に入ろうと前足をかけた瞬間、運悪く通行人が歩いてきました。気配を察知したギャルソンは身をひるがえし、階段を駆け上って姿を消してしまいました。

対象が生き物ですから、思ったように事がはこばないのは日常茶飯事です。気を取り直しながらギャルソンを捜しに歩きます。するとまたいきなり同じ場所にギャルソンが現れました。しかし捕獲器には警戒して近づきません。

おもむろに道路を横断し、空き地の中に潜り姿を消したかと思うと、また現れます。どうやらこの空き地の周辺で暮らしているようです。そして、お腹が空いているのでしょう、落ち着きのない行動を繰り返しています。

しばらく見守っているとまた道路を横断してマンション横のゴミ置場の路地に入っていきます。

ここだ！　静かに近寄り、奥で様子をうかがっているギャルソンを刺激しないように捕獲器をセットしてから素早く立ち去ります。停めてある車に乗り込み、完全に気配を消しました。

（カシャン）

捕獲器の扉が落ちる音が聞こえました。車のドアを開け、走って駆け寄ります。

捕獲器の中から、戸惑った表情のギャルソンが不安げに見上げてきます。

「やっと会えたねギャルソン、随分捜したんだよ。佐藤さんも奥さんも、待ってるから、家に帰ろう」

そう自然と語りかけてしまうほど、ここまで長いながい日々でした。

待っていた奥さんの一言

佐藤さんに電話をかけ、すぐ家に向かいます。

待ち構えていた奥さんは、すぐさま捕獲器を覗き込みました。そして言ったのです。

「このネコはギャルソンじゃない」

「え？　お見せした動画でも、写真でも、ギャルソンに間違いないとの事でしたよね」

驚いて私も問いかけます。

「でも……このネコは似てますけれど、ギャルソンより目が鋭いし……。ギャルソンはもっと穏やかな雰囲気だったから……」

奥さんは迷いながら話します。

それを聞いて、なるほどそういう事かと私はふっと胸を撫で下ろしていました。

迷子になったネコの顔つきや性格は、変わってしまうことがあります。安全に家の中で過ごしていた状況と違い、ネコ同士の争い、餌の確保、事故などから身を守る生活を送るうちにそうなるのでしょう。特に今回のケースでは長期間放浪していたわけです。

ご夫婦と一緒に、身体の模様や手術痕の確認を行うと、「ギャルソンに間違いない」ということになり、あらためて再会を喜びました。

11月7日、行方不明から196日経ってからの帰宅でした。

奇跡は続く

そして数日後に、なんとコロラの情報も入ってきました。一旦帰宅していた私は、6度目となる大分へ向かいました。到着してすぐに目撃された場所に駆けつけます。

最後の捜索のためにピックアップしていた場所のひとつ、フェンスに囲まれた貯水池の近くでした。ギャルソンの見つかった住宅街の近くです。

「コロラに似たネコが来ます」と知らせてくれた人によると、この貯水池のまわりをねぐらにしており、住宅街へ出て来るそうです。

行ってみると、フェンスを出て住宅街に向かうところに、小さな神社がありました。その日は寒くて、特に風が冷たく感じられます。狭い境内をよく見てみると、その一角にネコが身体を休められそうな場所がありました。壁沿いで、ちょうど風が防げるのです。そこへ捕獲器を仕掛けました。

3時間後に様子を見に行くと、まだ入っていません。

真夜中にもう一度、向かいます。日中吹き荒れていた風はおさまりましたが、冷えこみのきつい夜です。そっと捕獲器に近付いてみます。

扉が閉まっている、という事は何らかの動物が入っている。中を覗き込むと、コロラが大人しく座っていました。毛並みもキレイで、痩せてもいません。真夜中でしたが、佐藤さんにすぐ電話を入れました。

「藤原です。捕獲器にコロラが入りました。見つけましたよ、元気です」

「え？　なに……？」

まさか信じられない、という反応でした。実際にすぐ連れて行った時も、ご夫婦は驚きのあまり動けないという感じでした。念のため佐藤さんに確認してもらいます。

「どうですか？　コロラですよね」

「ちょっと雰囲気は変わっている気がしますが……」

正確を期して、写真と照らし合わせコロラに間違いないと確認してから、やっと喜びに満ちた時間がやってきました。ギャルソンに遅れること14日、じつに210日ぶりの帰宅でした。

コロラも最初はよそよそしくしていました。こちらも、飼い主と離れた時間が長かったわけです。ただし先に見つかったギャルソンが、コロラを温かく迎えてくれました。

連れてきた責任がある

2匹が行方不明になった直後から、佐藤さん夫婦は夜の住宅街を懐中電灯で照らしながら、名前を呼びながら、探し回っていました。必死さのあまり夢遊病者のようにも見えて、内心こちらも心配になるほどでした。

その後も長く2匹は見つかりませんでしたが、ご夫婦の気持ちはしっかりしていました。印象的だったのは、「私たちには責任がありますから」と常に言っていたことです。

ここへ２匹を連れてきた者の責任ということです。

とはいえ7カ月が経過し、「諦めなければならない」という気持ちもどこかに持っていたでしょう。これだけ経ったあとに再会できた大きな喜びに、まだ信じられないという戸惑いの混じった複雑な思いを、私も感じることが出来ました。

２匹ともに元気に見えるものの、外で生き抜くことは簡単ではありません。春から夏が過ぎ、本格的な冬に入るところでした。まして森で暮らしていたのに、見知らぬ住宅街に「投げ出される」のがどれだけ大変かということは、私たちが急に電気も水もない山奥に取り残されたと考えてみたらいいかもしれません。

何度も危ないことはあったはずですし、ケガして治ったこともあったでしょう。最初は食べられなかったでしょうし、飢え死にしそうになった時期もあったのではないかと思います。だからこそ、人にすり寄っていくことを覚えた。そこまでせざるを得ない状況の中、よく生きていてくれたと思います。

通常２匹同時に迷子になった場合でもばらばらになるとお話ししましたが、今回は例外だったようです。おそらく新居から２キロの道のりを支え合って移動したあと、ギャルソンは住宅街に住み、コロラは従来通りの生活をするため金網に囲われた貯水池を選んだと思われます。

地図上で見てみると、新居と2匹の発見場所を結んだ方向は「北東」でした。つまりずっと伸ばしていけば葉山方面なのです。「帰りたい」という方角は間違いなく合っていた。これに気がついたときには胸が熱くなりました。

すでにお話しした通り、無事の発見に至る突破口になったのは目撃情報でした。あれがなかったら、いまも見つかっていないでしょう。また動画や画像ですぐ、「本人確認」ができ、素早く動くことにもつながりました。皆さんのご厚意とスマホの普及で、ペット捜索もいい方向に変わってきていると感じます。

発見まで7カ月、大分出張が6度。これまでの経験でも一番というほどの長期捜索だったこともあって、ご縁は続いています。じつはご夫婦はあれからすぐに2匹をつれてまた葉山の一軒家に戻ってきたのです。ネコたちを優先に考えた選択でした。

森の中と佐藤さん宅を行き来しながら、ギャルソンとコロラは本当に幸せそうに暮らしています。

▶捕獲器に入ったギャルソン。この時の面差しは奥さんが「ギャルソンじゃない」と言うほど変わっていた

▼戻ってきたコロラ（右）がギャルソンといつもの椅子に。ギャルソンは餌を譲ってあげる大らかなお兄さん

第3章　留守中「いなくなった」ヨークシャー・テリア

テレビ局の密着取材

「もしもし、お宅はペットレスキューさんですか。そちらではイヌも探してもらえるのでしょうか。うちで飼っているヨークシャー・テリアがいなくなりまして」

もう20年ほど前のある夜、北海道に住む女性から電話が入りました。そろそろ初夏の陽気になるころだったように記憶しています。

当時はまだインターネットが普及しておらず、ペットレスキューのホームページもなかったのですが、何かで私の名前を見たとのこと。不安な様子で話す伊東さんに、私はこう返しました。

「ええ、イヌの捜索もよく頼まれますよ。どんな状況でいなくなったのですか」

「それが、全然わからないんです。買い物に出かけて戻ってきたところ、家の中にいるはずのヨークシャー・テリアがいなくなっていました。家族に尋ねても、家の中を探しても、まったく分からないんです」

ヨークシャー・テリアと聞いたとき、多分すぐ見つかるだろうと感じました。小型で毛並みが美しく、愛らしい容姿のヨークシャー・テリアはとても目立つイヌです。飼い主なしに外をうろついていたら、目撃情報もすぐ出てくると考えられるからです。

その頃、私はちょうど伊東さんの住む札幌のテレビ局から出演の依頼を受けていました。新しい情報番組の企画があり、１回目の放送でペット捜索について取材したいというのです。そこで伊東さんに提案してみました。

「じつは今、私の捜索の仕事に密着したいという番組があります。もし、テレビの取材スタッフが同行しても良いということであれば、すぐそちらへ行きますが、いかがでしょうか」

私の説明に、伊東さんはすぐ反応しました。

「テレビが来ようがかまいません。とにかく見つけてください！」

イヌは潜まず、どんどん離れていく

数日後、テレビ局の番組クルーと一緒にお宅を訪ねました。普段なら私一人だけですが、この時はＡＤさんはじめ音声や照明のスタッフなど、７人ほどの大所帯です。待ち受けていた伊東さんにいなくなったときの状況を改めて聞きましたが、不思議なほど、情報は得られませんでした。

イヌが行方不明になる状況としては、散歩中にいなくなる場合が大半です。散歩中に他のイヌに吠えられてパニックになり、リードをつけたまま逃走してしまうケース。もしくは公園で遊ばせているうち、ネコや鳥を追いかけて、そのまま行方不明になってしまうイヌもいます。

あるいは自宅の庭で雷や花火の光と音に驚いて、ふだんは飛び越えないような柵から逃げてしまうこともあります。また動物病院やペットホテル、知人宅に預けられていて、そこから脱走してしまう場合もありました。

さらに犬種によって、性質や体格差が大きく異なるのが特徴です。そこから行動パターンも変わってきます。小型犬は大まかに言うと、身体が小さく威圧感もないため保護されやすい。中型犬であまり人に懐かないマイペースなイヌは保護されにくい。大型犬の場合はやはり目立ちやすく、イヌが苦手な人や子どもにとって危険なイメージがあるため、通報されて保護されることが多いという具合です。

30年ほど前までは、住宅街にも野良犬がいて、追いかけられた記憶がある方もいるでしょう。でも最近はめったに見ないのにお気づきでしょうか。外に繋がれていたり、庭で放し飼いにされたりしているイヌも減りました。それはイヌが従来の「ペット」から、「コンパニオンアニマル」に変わってきたことによるでしょう。

人間とともに親密に暮らし、家族の一員と捉える人が増えたことで、室内で飼われるイヌも圧倒的に多くなっています。周りの関心も高くなっており、イヌが一頭うろうろしていたら、すぐ保健所へ連絡されるような時代でもあります。

「イヌだったら戻ってくるだろう」と楽観する人もいるのですが、私は「イヌだからこそ自分ではなかなか戻ってきません」とお伝えしています。室内で飼っていて土地勘や屋外への免疫がない場合、体力があるばかりに遠く離れていってしまうことのほうがこれまで圧倒的に多かったのです。道路も怖れず渡ってしまい、車にひかれてしまう可能性もあります。イヌだからこそ、捜してやらなければなりません。

伊東さんのヨークシャー・テリアは、黒とグレー、茶色というスタンダードな毛色の長毛種で、雄でした。名前はトートです。いなくなった理由、状況ともに分かりませんが、中型犬や大型犬のように急に遠くへ走り去ることはないでしょう。

トートはおそらくあっちへ行ったり、こっちへ行ったりしながら徐々に遠ざかっていったのではないか。であればこちらも、動きながら捜索していきます。

時間が経つほど離れていくことになるため、すぐに捜索を開始しました。

まずはいつもの散歩コースを

まずは飼い主の女性とトートが毎日歩いている、いつもの散歩コースからです。意外かもしれませんが、お気に入りの公園や仲が良いイヌの家などに行っていることがあるのです。飼い主さんから離れ、自由の身となったイヌは、初めのうちはいつものコースの周辺を「謳歌している」ことがあります。

コース上で名前を呼びながら捜し、イヌを散歩させている人たちにも聞き込みをします。そのイヌを知っている人がいるというのも、イヌに特有の事情でしょう。そうした知り合いに会ったら、もし見かけた場合すぐ連絡をもらえるよう、チラシを渡していきます。

目撃情報をつのるためのチラシですが、じつはあとふたつほど効用があります。ひとつはチラシを手にしていれば、平日の日中から住宅街を歩いてキョロキョロしていても不審がられません。もし「何をしているんですか」と聞いてくる人がいれば、すかさず一枚、お渡しして話を聞きます。

もうひとつは「色を思い出す」効用です。住宅街を歩いていると、様々なものが目に入ってきます。本当はペットの姿を捜しているのに、疲れとともに「チラシを投函して歩いているだけ」になりかねません。ですから数分間に一度は、チラシの写真を見てペットの色を確認するようにします。すると目に入っていた余計な情報が消去されて「色」に反応できるようになり、発見の度合いが上がるのです。

さらに駅や商店街など人が集まるところへ行って、聞き込みをしていきました。テレビ局のスタッフの一団も、ずっと付いてきます。カメラ機器を担いだスタッフもいますから、かなり異様な光景だったでしょう。通りすがりの人が振り返っていくので、私自身も落ち着かない感じですが、番組クルーも必死です。

なにしろ新番組の1回目の放送ですから、何が何でも見つけて「感動の再会」を撮ろうと勢い込んでいます。ADさんも「朝のラジオ体操に行って聞き込みをして来い」などと命じられ、早朝から遅くまで駆け回っていました。

ありがたいことに人数が揃っていたので、かなりの捜索量になったのです。当時はまだSNSなどネットによる情報拡散ができなかったので、人力での捜索が何よりの武器です。

そうしてあらゆる作業を尽くしたけれど、4、5日しても目撃情報はまったく入ってきません。何の手がかりもないまま時間だけが過ぎ、プレッシャーも感じ始めます。何よりスタッフが疲れきってしまい、申し訳なさも募ってきました。

住宅街など人の目の多い場所で、目立つペットがいなくなった。それなのに目撃情報がひとつもない。こうしたケースでは、考えたくなくとも考えなければならないことがあります。

どうやら、このケースでは積極的に考えるべき時が来たようです。

運ばれたか、隠されたか

考えるべきなのは、第三者が介入している可能性です。誰かに「保護」され遠方へ運ばれたか、どこかに隠されているのかもしれません。

身体が小さければ小さいほど、「保護」は簡単で、そうした対象になりやすいでしょう。ヨークシャー・テリアは特に愛らしいイヌでもあり、見つけた人もわりと自分の都合のいいように考えてしまうことがあります。

「かわいそうに。この子は捨てられたのね。私が保護してあげなきゃ」などと、勝手に思い込みがちなのです。

もし第三者が絡んでいるとすれば、発見するのは格段に難しくなります。もしその人が車で他県などから来ていたとしたら、そのまま連れ去られてしまうことになります。それでは私たちの捜索範囲をはるかに越えた場所にいることになります。また隠されてしまった場合、運よくそのお宅にチラシを投函できたとしても「イヌを手放してくれる」可能性は低いでしょう。

結局、捜索は1週間で時間切れになってしまいました。その間、私は札幌のホテルに泊まり込み、ほぼ24時間密着で撮り続けられたのです。撮影スタッフはやむなく編集作業に入り、番組は1カ月後に放映されました。

愛犬が突然いなくなって、悲しみに暮れる伊東さんの姿。依頼を受けて藤沢から駆けつけた私の捜索模様。協力してくれる皆さんの様子。でも見つからないトート、そして「ペット探偵の捜索は続く……」というテロップが流れて、番組は終わりました。

それは視聴者にも、飼い主さんにも残念極まりない結末と映ったでしょうが、私自身はまだ諦めてはいませんでした。第三者が介入したかもしれない今回の場合、何かしら情報が寄せられる可能性があると望みを持っていたからです。

そして、その日は思いがけず早くやってきました。

20キロ先からの電話

「テレビで映っていたのとよく似たイヌを、最近、近所の人が飼い始めたんですけど、もしかして、そのイヌじゃないでしょうか？」

番組の放映後すぐにテレビ局へこんな電話があったそうです。番組担当者から私のところに連絡があり、情報提供者の電話番号を教えられたのです。その方は伊東さんの家から20キロほど離れた街に住んでいるそうで、まさかそんな遠くまでと驚きましたが、すぐに電話をしてみました。

「じつは近所と言いますか、うちのお向かいの人が、そのイヌを飼っているんですよ。ええ、飼い始めたのは1カ月ちょっと前のことなんです」

それはまさにトートが行方不明になった時期と重なっていました。またしっかり確認できたわけではないものの、姿形もよく似ていると言います。

「これはすぐに確認したほうがいい」

私は伊東さんにすぐコンタクトをとり、イヌを飼い始めたというお宅を訪ねてもらうことにしました。私は藤沢へ戻っていたため、後からこの顚末を聞いたのですが、そこでまた驚くような事実が判明することになったのです。

伊東さんが情報提供者のお向かいを訪ねると、確かに行方不明になったトートが保護されていました。人の良さそうな奥さんが応対してくれ、大事に世話してくれていたこともすぐ分かったそうです。ようやくの再会がそれはもう嬉しくて、お礼の気持ちを伝えると、その奥さんはこう言われたそうです。

「いえいえ、見つけたのは私じゃありません。姉が、迷子になっていたこのイヌを保護したんですよ。飼い主さんがどうやら捨てたらしいので、『あなたの家で飼わないかしら』といって連れてきましてね」

ならばお姉さんにもお礼をしなければと思い、伊東さんはすぐさまこう尋ねました。

「お姉さんは、どちらで保護されたんでしょうか」

「姉の家の近くらしいです」

「そうですか。お姉さんはどこにお住まいなんですか?」

その瞬間、耳を疑うような答えが返ってきました。

なんとお姉さんが住んでいるのは、伊東さんが住む町でした。そして同じ町どころか、伊東さんの家の並びだというのです。思わずお姉さんの名前を聞くと、あろうことかそれは隣家の奥さんの名前でした。

一瞬で血の気が引いたという伊東さんでしたが、目の前の奥さんはトートが捨てられたイヌと信じて疑わない様子でした。おそらく姉の言葉を鵜呑みにしていたのでしょう。十分にお礼を伝えて、伊東さんはトートとぶじに帰宅することができたそうです。

トートが行方不明になったのは、お隣の奥さんによる誘拐でした。伊東さんの目を盗んで連れ去ったからこそ、「いついなくなったのか分からない」となったのでしょう。こんな真相を知った伊東さんの心中はいかばかりだったでしょうか。再会できて本当に良かったですねと電話で伝えながらも、私はあることを思い出していました。

身近な人によるペット誘拐

じつはイヌがいなくなって、伊東さんがいちばん最初に訪ねたのが隣のお宅でした。「トートがいなくなったんですが、どこかで見かけませんでしたか」と聞くと、当の奥さんに「いや、知りません」と言われたそうです。

私も捜索中に、隣の奥さんと話しています。50代くらいのごく真面目そうな普通の主婦という印象で、「心配ですね」と声をかけられました。

その後、伊東さんと隣家との関わりはどうなったのでしょうか。残念ながら知るよしはありませんが、想像できるのはおそらく行方不明事件前から、お隣の奥さんは何か根深い思いを抱えていたのでしょう。

鳴き声がうるさいと思っていた。イヌが自分の近くにいるのが嫌だった。伊東さんを困らせたかった。伊東さんと同じようなイヌを飼ってみたかった。どれが正解かは分かりませんが、この仕事をしているとまさにミステリーのような事実に直面することもあるのです。

本章の終わりに、「意図的に隠されたのでは」と考えられる場合の方策について短くお伝えしましょう。前述したように容姿が目立つペットについて、まったく目撃情報のあがらない場合が該当します。

こうなると見つけ出すのは難しいですが、以前経験したなかでは「身近な人が犯人だった」という次のようなケースがありました。

・ドライブの休憩中、ちょっと車を離れた間にいなくなったミニチュアダックスフント。自分で逃げ出せる状況でなかったことから、飼い主の女性に詳しく聞き取りをしながら捜索していくと、女性と交際中で、ドライブも一緒にしていた男性の実家にイヌがいることが分かった。男性を問い詰めたところ、「友人に車の合鍵を渡して、イヌを連れ去るよう頼んでいた」こと、「しばらくしたら自分で苦労して探し出したことにして女性に返そうと思っていた」ことを白状した。

・10匹ものセミの死骸を残して、自宅からいなくなったネコ。飼い主の女性と同棲中の男性は「窓から入ってきたセミを殺して、そのまま興奮してほかのセミを追っかけて窓から出てしまったんじゃないか」と言ったが違和感があった。ネコがこれまでセミや虫、ネズミに興味を持ったことはなく、残されたセミの状態が「ネコがやったにしてはきれい」だった。都市部の住宅に、これほどの数のセミが入ってきたことも不自然。３日間の捜索で、ひとつも目撃情報が出なかったこと、男性のその後の挙動不審さも考えあわせると、男性が窓を開けたうえで「謎の失踪現場」を用意した可能性がもっとも高いと考えられた。

・スーパーの買い物を終えて女性が出てくると、チワワが消えていた。入り口のポールにしっかり繋いでいたリードともに姿がない。周囲の聞き込みをすると「公園で高校生くらいの若い男の子3人がチワワを連れていた」という情報があがる。チラシで呼びかけると、ひとりの男子の家族から「うちの子のことでは」と連絡があり、話をして取り戻すことができた。「妹にあげようと思った」と男子は話した。

もしかすると、背筋がぞっとした方もいるかもしれません。特に3例目の、買い物中にちょっと繋いでおくというのはよく見かける光景です。ちょっとのつもりでも、行方不明になることが実際にあるのです。

では飼い主に出来ることは何かというと、繋いでおく際には店内から見えやすい場所や監視カメラのある場所を選ぶなどの工夫でしょう。またリードにロックをつける自衛策も有効だと思われます。

「手放してもらう」ための情報戦

このように人が絡んだケースで困難なのは、故意に連れ去られてしまうパターンです。本人からの連絡は期待が薄いですが、チラシやポスターで「返せ！」などと訴えるのは逆効果になるので避けたほうが良いでしょう。それよりもその近所に住む人から情報を寄せてもらえるように、心情に訴えかけるような文章を作りましょう。状況によっては、謝礼金額をはっきりと提示して話題性を提供するのも手です。

たとえ誰かに隠されてしまったとしても、人目に触れる瞬間は必ずあります。動物病院に連れて行く機会はやってきますし、イヌの場合は毎日の散歩があります。その時に、新たな目撃情報があがってくるかもしれません。

そしてどうにも見つからないときは、もう一回原点に返ることも大切だということです。１週間にわたりあれだけの人数で捜索したにもかかわらず、トートの行方に繋がる糸口は、文字通りすぐ隣にあったのですから。

第4章　天井裏に飛び込んだネコ

大事なネコが天井裏へ

「ペットレスキューさんでしょうか。宮野と申します。家の引っ越し中に、ネコが天井裏へ入っていなくなってしまいました。大事な、だいじなネコなんです。いなくなってもう10日ほど経つので、天井裏からどこか外へ逃げてしまったと思うのですが……。今から、いったいどう探したらいいでしょうか」

新年明けて間もない、曇り空の凍てつく日。

依頼の電話の主は、世田谷区に住む男性でした。ネコを探し続けている疲労からでしょう、途方に暮れた様子が伝わってきます。ちょうど私はひとつ捜索を終えて戻ってきたところだったので、藤沢から駆けつけることにしました。

「現場を見てみましょう、これから2時間ほどで伺います」

いつものように捜索機材を車に積み込み、現地へ向かいました。

昼過ぎに到着したのは、宮野さんの引っ越し先のマンションでした。まずはネコがいなくなったときの状況を聞いていきます。

「10日前まで、ここから歩いて5分のところにあるアパートに住んでいました。うちの父親の所有なのですが、築40数年の古いアパートですので、リノベーションしようという計画を立て、建物の外壁を残して全面改装することにしたのです。住んでいた皆さんが退去し、私と中学生の娘も、仮住まいのための引っ越しの準備をしていました。

うちで飼っている2匹は黒猫の姉妹でバニラとショコラです。2匹も連れて行こうと、リビングのある奥の部屋から玄関にいちばん近い部屋へ一時的に移しました。じつは連れて行くため一度ケージに入れたのですが、部屋の中へまた出していたところ、いつのまにかバニラだけ急に消えてしまったのです。

ドアや窓は閉めたままでした。唯一考えられるのは、天井に開いた穴です。アパートの内装工事のため、施工会社が天井裏の配線を確認しようと開けたものです」

その穴から何度呼びかけても、バニラは出てこなかったといいます。宮野さんと娘さんが一日中荷造りしていて、何かいつもとは違うと感じ取っていたのでしょうか。

「後から考えると、あの日は引っ越し業者も出入りしていて、バタバタする音も怖かっただろうと思います。部屋の中には作業用の踏み台がありました。バニラはそこに登って穴へジャンプし、天井裏へ入ったのではと考えました。

すぐ踏み台に登り、懐中電灯で天井裏を照らしてみました。すると奥の方で目が光っているのが見えました。2階の天井と、3階の床下の間に広がるかたちの天井裏はかなり広そうですが、ニャアニャア鳴く声も聞こえたので、そのうち降りてくるだろうと、最初は楽観視していたんです」

しかし、予想は大きく外れることになります。

私は宮野さんと一緒に、バニラがいなくなったアパートへ向かいました。

仕掛けた水と餌は

小田急線の駅前から商店街を通り、細い路地を少し入った一角に、その3階建てのアパートがありました。周りは白いビニールシートですっぽり覆われ、作業で発生する騒音が住宅街に響いています。

2階へ続く階段を上がると、ドアがいくつも並ぶ通路に出ました。いちばん手前が宮野さん一家が住んでいた部屋、そしてバニラがいなくなった現場です。

中へ入ると壁はすでに剥がされて、鉄骨の柱がむき出しになっていました。資材の残骸やコードが散らばる部屋に踏み入った宮野さんは天井を指さしました。

「ここの穴なんですよ」

20センチ四方ほどの大きさで、ネコ1匹なら楽に入れるくらいの穴でした。人間の頭はぎりぎり入りますが、肩でつかえてしまい、自由に覗くことはできません。

宮野さんは話を続けます。

「やがて引っ越し作業が終わり、荷物も家具もなくなったこの部屋は静かになりました。でもバニラは出てきそうな気配もありません。やむなくショコラだけを引っ越し先のマンションへ連れて行きました。

だんだん周りも暗くなります。娘と一緒に戻って来て、また穴から呼びかけましたがやっぱりバニラは出てきません。その後も何度か娘と見に来たのですが、夜が更けていくばかりです。それで『明日また来よう』と出直すことにしました。

それから2、3日はまだ鳴き声が聞こえる日もあったんです。とにかく何も食べずにどうしているのかと心配で、穴のふちのところや床の上に、水と餌を仕掛けておいたのですが……食べた形跡がまったくありませんでした」

そしていよいよ、室内の改装作業が始まったといいます。新たな作業員の出入りがあり、工具を使って解体する音と振動が激しくなっていきました。

「建物の骨格を残して、内装の壁までどんどん壊されていきます。撤去で出る粉塵や臭いは予想以上でした。作業員さんには『天井裏にネコがいます』と伝えたけれど、いっこうに出てくる気配はなく、もう鳴き声も聞こえません。じつは近所の消防署にもお願いして、消防隊員さんに天井裏を覗いてもらったのですが、何の痕跡も見つかりませんでした」

そして宮野さんはこう言い切りました。

「ですから、もう、バニラはこの天井裏にはいないと思います。どうかうちの外を探して、バニラを連れ戻してください」

実際、その日から宮野さんと娘さんは二人で外を探し始めました。隠れていそうな場所、近所で野良猫に餌を与えている場所を確認していきましたが、バニラは見つからなかったといいます。また「そういうネコを見ましたよ」という情報もなかったそうです。

食い違う捜索方針

宮野さんの話をしっかり聞きながらも、私の中には直感めいたものがありました。最初に現場を見たとき、「あっ、ここにいる」と思えたのです。天井の穴まで上がって覗いてみても、中は真っ暗、配線がぐちゃぐちゃに入り乱れて何も見えません。もちろん中に入ることもできません。それでも何となく奥に潜んでいる気配を感じるのです。8割ほどは「いる」と確信していました。

「まずは家の中から調べていきましょう」

私は踏み台から下りて、他の部屋の様子もじっくり見ていきました。特におかしな箇所はありません。ただベランダに出ると、部屋の外側にある排気口に一カ所だけ枠の外れているものが見つかりました。

その排気口は天井裏へつながっていました。まさにネコなら通れるほどのすき間が開いています。

宮野さんは「たぶんそこから外へ逃げたのではないか」と言いますが、排気口をよく見ても埃がいっぱい溜まっています。足跡もついていません。

「解体作業をしている日中は、そもそも窓やドアもすべて開け放ってあるんです。ですから排気口からでなくても、バニラが外に出ることは十分できます」

そう宮野さんが言うのは当然のことです。ただすべての出入り口が閉まってしまう夜間に外へ出るとしたら、この排気口しかありません。そこに足跡が確認できなかったのは、私としては大きなことでした。

宮野さんはまた言います。

「藤原さん、どうか外を探してみてください」

依頼の電話を受けて、調査を始めてまもなく飼い主さんと私の意見は食い違ってしまったのです。じつはこうしたケースは珍しくありません。宮野さんの焦る気持ちもわかりますし、いなくなって10日なら、餌や水を求めて移動するほうがバニラの選択肢としても自然でしょう。

すでに外へ逃げているなら、この真冬の寒さがこたえているはず。お腹も空いているでしょう。早く発見しないと命にもかかわると心配しながら探し回ってきた宮野さんの表情は、疲れきっていました。

それでも私の実感としては、現場を見てみて「あっ、ここにいる」という思いに変わりはありません。いわば長年の経験による勘のようなものです。

このように飼い主さんと意見が異なる場合には、お気持ちを受け入れながらもバランスをとって進める捜索を大切にしています。

１日目は室内を点検した後、宮野さんの希望通りアパートの周りを捜して終わりました。ですが外を捜している最中も、モヤモヤする感触が消えません。やっぱりバニラは、あの天井裏からまだ外に出ていないような気がしたのです。

臆病で警戒心が強いバニラ

捜索を終えて事務所に戻った私は、バニラのカルテを見返していました。最初に宮野さんに聞きながら作成していたもので、ポイントは身体特徴、生活環境、性格です。

バニラ

・5歳の雌。体重4キロ、体長35センチ
・毛色は全体が黒、体毛に特徴なし
・目はアーモンド形、瞳の色は金
・しっぽの形は長くて曲がりなし

外見はよくいる黒猫と言えます。生まれてすぐに宮野さんに引き取られ、室内のみで暮らしてきました。性格は臆病で警戒心が強く、あまり人馴れしていないということです。

こうして聞き取った情報のほか、飼い主さんから見せてもらった写真を見て私が感じたこともカルテに書き入れていくようにしています。ネコでは臆病で警戒心が強いタイプは珍しくありませんが、写真で見るバニラの顔つきからは、警戒心が強いというよりは、臆病な性格がより強く感じられました。

写真から受ける印象を、私はかなり重視しています。人間と同じように、一匹ごとに顔つきと体つきが違うのです。これは他のペットでも同じです。

子どもの頃、知人のレース鳩を１００羽ほど世話していた時期がありました。毎日見ていると、鳩も一羽ごとに顔が違うのです。レースに出す前は、特に目を見て体調管理をしていました。ですから全てとは言わなくても、ペットの顔つき体つきから、喜怒哀楽や性格、身体能力など読み取ることは可能だと思っています。

ではとても臆病そうなバニラはどうでしょうか。住み慣れた家から引っ越すという「非常事態」を察知し、天井裏に逃げ込んだのではないか。解体作業が始まってからは、おびえて動けなくなっているのではないか――。そんな姿が目に浮かびました。

バニラ捜索のチラシ

普段与えない「から揚げ」を

数日後、第2回となるバニラ捜索では、作成したチラシを投函しながら、さらにアパートの付近を捜していくことになりました。

家の中だけで生活しているネコが外に出てしまった場合は、先述したように住宅の壁面に沿って移動する傾向があります。私もアパートから同じ方法で移動していきます。チラシと一緒に持った地図には「ここに潜伏できるすき間がある」「こういうネコがいた」など、気づいた情報を書き込んでいきます。時間帯によっても、ネコが好む居場所は変わるので、「この時間は注意」といったメモも必要です。

また近所の住人に聞き込みもしていきます。チラシ投函ももちろん大切ですが、直接話すことができると、思いがけない有益な情報を得られるからです。また、その後も目配りをし続けてくれることが珍しくありません。

こうして捜索をすると、ネコが潜んでいそうな場所が幾つか見つかりました。ネコが通り歩きするような細い路地裏の軒先、廃墟になっている建物の隅などに捕獲器を仕掛け、匂いに引かれてくるように鶏のから揚げを置いておきました。

いつもなら捕獲器には「好物」を置くのですが、宮野さんが仕掛けた餌には反応しなかったと聞いたことから、匂いが強くて普段与えていないものを置いたのです。

少し時間を置いて捕獲器を見に行くと近寄った形跡もありません。その後はよそのネコが入ってしまい、その飼い主さんから「うちの子を出してくれないか」と連絡が来てしまいました。

さらに捜索の範囲を広げて行きますが、自分でも何だかピンと来ないのです。やっぱりあの天井裏が気になっていました。どうしてもまだアパートの天井裏に潜んでいる気がして、いっそ天井を壊してしまいたいと思うほどでした。

2週間も飲まず食わず？

天井を壊せばはっきりするとはいえ、さすがに私の判断ではできません。また工事コストも相当かかることでしょう。そして宮野さんご本人が、引き続き天井裏よりも外を捜してほしいと望んでいました。

それでも許可をもらって、何度か天井裏を覗いて見ましたが、入り組んだ配線が邪魔になって、奥の方はまったく見えません。ただ、不思議と気配だけはするのです。

そこでアパートの中にも捕獲器を仕掛けてみました。もちろん許可をもらい、工事作業の支障にならない範囲で行います。もしまだ天井裏に潜んでいたら、人の出入りがないときに下へ降りてきているだろうと考えたのです。

まだバニラが天井裏にいると仮定した場合、不思議なことがひとつあります。いなくなって2週間もの間、飲まず食わずのままでいることです。ですが穴から降りてトイレに行けば、水だけは飲めるのです。

床の上に置いた捕獲器には、バニラの好物の缶詰にマタタビの粉を振りかけたものを仕掛けておきました。しかし、その餌も減ることはなかったのです。

この間に、宮野さんもますます憔悴していきました。自営業なのである程度自由がきくことから、日中も近所を探し回っていたのです。夕方、娘さんが学校から帰るとまた一緒に探しに出ていました。依然として確かな目撃情報は何もなかったため、「どこかで死んでいるのではないか」と不安がつのり、保健所や動物保護センターにも連絡を入れ続けていたのです。

私が娘さんと初めて会ったのは、2回目の捜索から3週間ほど経った、3回目の捜索のときです。バニラが姿を消してからもう5週間になっていました。

挨拶をすると、しっかりした娘さんだなという印象を受けます。またネコに対する思いが非常にある子ということも伝わってきました。中学生くらいになると、発見に至らないケースではこちらに感情をぶつけてきたりすることもありますが、私には決して感情を露わにすることはありませんでした。

この当時、私はひとつのケースの捜索について「3日間を1クール」にしていました（現在は1日単位で捜索依頼を受けています）。3日目の捜索を終えたところで、宮野さんと「何か情報が入ったら、また一緒に捜しましょう」と話した直後に、思いもよらない展開が待っていたのです。

床に染みた血だまり

宮野さんと別れた後、私は現場のアパートへひとりで戻ってみました。まだどうしても、あの真っ暗な天井裏が気になってならなかったのです。

最後にもう一度――。そう思いながら部屋へ足を踏みいれると、床に血だまりができているのに気がつきました。20センチ四方はあるでしょうか、結構な大きさです。

それを見た瞬間、私は確信しました。

「バニラは絶対、ここにいる……」

やはり1カ月以上もの間、ここに潜んでいたのです。解体が進む建物の中で受けるストレスは、すごかったでしょう。なにしろ工事の機械音が機関銃のように一日中ドドドッと鳴り響いているような環境ですから、人間でもきついはずです。

ましてネコの聴覚はとても優れていますから、ストレスというより、もしかすると拷問に近かったのかもしれません。そしてこの間、おそらく何も食べていない。ギリギリ限界の状態で、ついに血を吐いてしまったのだと思いました。

すぐ宮野さんに連絡すると、意外な答えが返ってきました。

「でも……バニラは外にいて……体調を壊して、吐きに戻って来たのではないでしょうか」

それは違うでしょう、と反論したかったのですが、そう言うだけの根拠は私にはありませんでした。どれだけバニラの様子を見たくても、頭上に広がる天井裏に入ることも、しっかり見ることもできないままなのです。

そして数日後、私は宮野さんから電話を受け、驚きの結末を知ることになるのです。

ついに見つかったバニラ

「床に倒れているのを保護しました、と工事監督さんから電話があったのは血だまりの見つかった翌日でした。朝8時頃です。やっぱり家の中にいたのか、外なんか探すことなかったんだと悔やみながら駆けつけると、バニラが作業着のジャンパーにくるまれていました。

工事が進み、吹きさらし状態になったアパートの中でひと間だけ、作業員さんのためにエアコンで暖かくしてある部屋があったのです。そこに保護してもらっていました。ジャンパーを開けると、すっかり痩せ衰え、筋肉が強ばっているバニラがいました。痙攣もしているようでしたが、そっと抱き上げると『ニャーニャー』とか細い声で鳴いたのです。

すぐ車に乗せて病院へ向かいました」

天井裏で動けなくなっていたバニラはついに力尽きたのでしょう、穴から床に落ちた状態で見つかったそうです。

「診てもらうと、すでに危篤状態でした。体重は半減しており、低酸素症を示す数値や肝機能の異常を示す数値などが非常に高く、脳への影響も心配されました。すぐさま救急処置を施し、点滴を打ってもらうと、どうにか安定していったのです。

そこに学校が終わった娘も駆けつけました。ベッドに横たわるバニラと会ったときは、まさに涙を流しながらの再会でした。

やっぱり、アパートにいたんですね。藤原さんの言うことを聞いていれば……もっと早くに、見つけられていたかもしれなかったのに……」

電話口からは宮野さんの悔やむ言葉が何度も聞こえます。でも、消えたバニラを見つけられたことは良かったことなのです。すんでのところで一命をとりとめられたことも幸いでした。

バニラはその後もしばらく真っ直ぐ歩くこともできませんでしたが、少しずつ回復に向かい、幸いにも3週間ほどで退院することができました。

ぴったりしがみついて離れない

解決から2年が過ぎて、思いがけずバニラに会う機会を得ることになりました。

宮野さんはマンションでの仮住まいを終え、見違えるように改装されたアパートでまた暮らし始めていました。部屋に伺うと、バニラはすっかり回復した姿を見せてくれました。ただ私が部屋に入ると、宮野さんにぴったりしがみついて離れません。特に宮野さんの服を摑んで離さない手の動きは、「自分の安心できる場所」にこだわる性格を感じさせます。

警戒心が強いというよりも臆病な性格で、思っていた以上にデリケートなネコだったのです。確かにこの子なら、絶対に自分から外へは出ないでしょう。

もっとも、毎日一緒に暮らしている家族でもわからないことがあるものです。またこれまで20年捜索の仕事をしてきた私も、あれだけの長期間、ネコが頑張り続けられるということは初めて知る事実でした。

そしてネコの個性はさまざま、とにかく一匹ごとに違うことがこの仕事の難しいところです。

「もう家族を失いたくない」

私はペットに関する情報は漏れなく聞き取りますが、飼い主さんの生活や家族関係についてはほとんど質問することはありません。ペットの捜索が仕事であり、ご家庭にまで立ち入る必要はないからです。それでも、ペットとの関わり方から察することもあります。

宮野さんは、中学生の娘さんと二人暮らしでした。奥さんを早くに亡くされたということは、捜索が終わった後に初めて聞きました。じつはそのことが、捜索についての意見の対立に繋がっていたことも、この時に知ることになりました。

長く闘病していた奥さんが亡くなったのは、娘さんが小学一年生のときだったそうです。宮野さんは娘さんに、東京を離れることを提案しました。すると娘さんは「三毛猫を飼ってくれるならいいよ」と答え、地方に移り住むことが決まりました。

約束通り、その土地の人から雌の三毛猫をもらい、高原の一軒家で新たな生活を始めたそうです。ライラと名づけたそのネコは家族の一員となり、いろんなことを教えてくれたと言います。ところが、２年近く一緒に暮らしたところで、突然いなくなってしまったのです。田舎暮らしの気楽さから玄関を開けて放し飼いしていたところ、ある日、戻ってこなかった。特に娘さんにとって、家族がまたいなくなったショックはとても大きかったそうです。

半年ほど経った頃、宮野さんは知人から保護猫の情報を得ました。神社に住みついたネコが保護されて、里親を探しているという。それが姉妹の黒猫でした。バニラとショコラと名づけ、再び一軒家で暮らし始めたのです。

2匹は家の中だけで大事に育てられました。そして宮野さん一家が5年ほど前に世田谷のアパートに越してきてからも生活スタイルは変わらなかったところ、引っ越し当日にふたたび「ネコが突然いなくなった」のでした。

宮野さんと娘さんには、かつて家族をなくした辛い経験があった。それだけに、「何としても外を捜索して見つけてほしい、うちへ連れ戻して欲しい」という思いが強かったのです。

じつはアパートの改築は、保護猫の活動に関心を持っていた宮野さんたってのものでした。ネコと人が快適に暮らせることをテーマにリフォームし、新たに3階にペットシェルターも設けたのです。

アパートの一室にある宮野さん宅にはバニラとショコラに加えて4匹のネコが増え、今は6匹のネコとにぎやかに暮らしています。

▶発見時の体重はわずか2キロ。元は4・2キロあったバニラは痩せ細ってしまっていた。入院生活で少しずつ回復し、驚きの生命力を見せて帰宅できた日の記念の一枚。ただし、まだまだ身体は「細い」のが見て取れる

▼ベッドのお気に入りの場所でくつろぐバニラ

第5章　「ペット探偵」への道

ようやく入った新スタッフ

「こんばんは、飯塚です。捜していたコムギちゃん、見つけましたよ。昨日からずっと田んぼばかりの村を歩いてまして、今日は不審者として通報されたようで覆面パトカー数台に囲まれてしまいました。

そして先ほどコムギが、すっと捕獲器に入ってくれました。今日はこのまま泊まって、明日戻ろうと思います」

嬉しい電話がかかってきました。２０１９年夏に入ってくれた飯塚という新スタッフからで、長野でネコの捜索に当たってくれていたのです。

私がペット探偵を志し、「ペットレスキュー」を開業したのは１９９７年のこと。それから20数年、この間にペットの数も種類も増え続けており、寄せられる捜索依頼も激増しています。

ただ、ペットレスキューは私一人の会社で、捜索に行くのも、連絡を受けるのも私だけです。時々、取材などを受けて小一時間ほど記者さんとお話ししていると、必ず「藤原さん、携帯鳴りっぱなしですね」と驚かれるほどです。ただし電話を受けられない間も、電源を切るわけにはいきません。寄せられる情報ひとつで、捜索が大きく展開する可能性があることはこれまでお話ししてきたとおりです。

またこれまでにも触れましたが、この数年は特に「いなくなった」当日に連絡を頂いても、すぐ駆けつけられないことも多く、歯がゆい思いをしてきたのも事実でした。

この現状を変えるにはどうしたらいいか。一番いいのは、新たなスタッフに入ってもらうことでしょう。それがようやく叶うことになったのです。

本章では、私がこの仕事をするに至った経緯について、お話ししてみましょう。かつての野良路上生活を知って、なかにはあきれる方もいるかもしれませんが、私としてはすべてが繋がって、もっとも自分らしい仕事にたどり着いたと思っています。

ペット探偵の難しさ

ありがたいことに、これまでにも「弟子入りしてペット探偵になりたい」と言ってくれた人たちは何人もいました。最初に来たのは18歳の青年でした。かつて私が働いていたレストランでアルバイトしていた高校生で、卒業後に郷里の就職先を蹴って、東京へ上京してきたのです。

彼は3年間頑張ってくれましたが、「他の仕事をやりたくなった」と言いました。率直に打ち明けてくれたことに感謝して、私は彼を送り出しました。正直なところ、10代後半の若さでこの仕事をするのは、とても苛酷だったでしょう。よくやってくれたと思います。

本書ではあまり触れていませんが、捜索の結末は良いものばかりではありません。行方が全くつかめないのはまだ良いほうで、さっき写真で見たばかりのペットが路上で亡くなっているのを目の当たりにすることもあります。その亡骸《なきがら》を、飼い主さんのもとへいち早く運ぶのも私の仕事です。

自分の目と手で、命に直接かかわる過酷さはもとより、飼い主さんとのやりとりにも非常に難しいものがあります。ペットがいなくなって動転する飼い主さんは、泣いたり、笑ったり、精神的にも不安定になりがちです。大事な家族のことですから、これはもちろん、ごく普通の反応です。

たとえば、そのネコがその家に来てからの話を延々としてくださる飼い主さんもいるのですが、必要な情報をしっかり聞き出し、すぐ捜索に取りかからなければネコは戻ってきません。また手掛かりひとつに大喜びしたり、落ち込んだりする暇もありません。そこは冷静に飼い主さんの様子を見ながら、仕事にかかっていきます。

さらには、全力で捜索しても、手掛かりがひとつも得られないこともあります。手掛かりがひとつもないことこそ、新たな手掛かりであることも多いのですが、このことを自宅でずっと待っていた飼い主さんに伝え、その次にどう動くつもりかまで含めて納得してもらうのは、ある程度の人付き合いの経験がなければ難しいことだと思うのです。

ペット捜索は、ペットについても、人間についてもよく知らなければならないのだと、私自身も日々精進する気持ちで仕事をしています。

では生き物が好きな人なら務まるか、というとそれも難しいところがあります。18歳の青年の後にも「弟子に」と言ってきた人のなかで印象に残るのは、公務員を辞めてきた男性でした。

元々はウサギをキャンプ場に連れて行った際に逃がしてしまったという依頼で出会った人で、ウサギは残念ながら亡くなって見つかったものの、ペット捜索の仕事に意義を感じたということでした。男性は役所を辞めて、夫婦揃って東北からやってきてくれたのです。

そこまで腹を決めているならと期待しましたが、3カ月ほどで「もう無理です」と辞めてしまいました。

捜索するほどそのペットに愛着がわき、自分が見つけ出せないことに対し「申し訳ない」と夜眠れないほど悩み苦しんでしまう。生き物を愛する優しい人であればあるほど、そういう難しい面もあるようです。

本職は人間の探偵

その後もぽつぽつと志願者はありましたが、長続きする人はいませんでした。続いても数カ月ほどです。ところが、最近になって現れた男性はまったく毛色が違ったのです。50代半ばで、本職が人間相手の探偵なのです。以前、自分の飼い猫がいなくなったときにアドバイスを求めて私に電話をかけてきました。

探偵歴30年という今になって、なぜペットの捜索を？ と率直に尋ねたところ、すぐさまこんな答えが返ってきました。

「浮気調査や身辺調査、人相手の探偵稼業はうまく調べれば調べるほど、つらかったり悲しかったりする結果が多いんですよね。それをお伝えするのも探偵なんです。でもペットの捜索では、ペットが見つかれば飼い主さん家族からご近所まで、皆がハッピーになるでしょう。私もネコがとことん好きな飼い主の一人ですから、同じように困っている人を助けられたらと思って」

それが本章の冒頭で紹介した新スタッフの飯塚です。

彼は探偵業界でその名を知られ、信用も厚い人です。実際にペットの捜索をしてもらってみると、状況判断のセンスに優れ、落ち着きがあって、何があっても腹が据わっている。その雰囲気から、依頼者の側もきっと「頼もしい人が来てくれた」と安心感を抱くはずです。

実際に本人も、やりがいを感じながら捜索をしてくれているようです。数カ月間で、表情がみるみる明るくなってきていることからも、そう感じられるのです。

生き物が友だちだった

そもそも、私がどうして「ペット探偵」になったのか。その原点はやはり子ども時代にあったような気がします。1969年、兵庫県の神戸で生まれ育ち、もの心ついたときからずっと虫や動物に興味がありました。地面を這いずり回るようにして虫を探し、追いかけ、すっかり同化してしまうのです。

たとえば冬には木の皮をめくると、テントウムシなどが冬眠しています。すると自分もテントウムシになりきって、夜寝るときも毛布をかぶり「僕はテントウムシだ」と思い込んで眠る。地中で冬眠しているトカゲも掘り起こしては観察し、自分もその姿になりきってしまうような子どもでした。

家でもいろんな生き物を飼っていました。アリやチョウ、クモ、カブトムシなどあらゆる虫を捕まえると、お菓子の空き箱などを使って飼育するのです。

ただし、うちは公団住宅です。共働きの父と母、兄と妹の5人家族で6畳2間ほどの狭い団地暮らしでしたから、生き物を飼える場所はうんと限られます。子ども部屋の隅にこたつのテーブルを縦に立てかけて、斜めにできたすき間が私のスペースでした。

その中はいつも虫だらけの状態だったのです。

なかでも面白かったのはクモの世界で、さまざまなクモを飼っては観察して楽しんでいました。虫カゴに入らないものは部屋に放し飼いにしていましたから、繁殖の時期になるとどんどん孵化します。

ある朝、気づいたら、部屋の天井が数千匹のクモでおおわれていたこともありました。私は大喜びですが、家族は当然ながら迷惑そうですし、とにかく虫も動物も大嫌いな兄はそれはもうひどく嫌がっていました。

小学校へ通うようになると、いろんな生き物を連れて行きました。常にポケットにヘビやトカゲなどを忍ばせていたので、授業中にそれが逃げ出して、クラス中が大騒ぎになることも日常茶飯事です。

もちろんイヌやネコにも興味を持ちました。給食で出るパンは必ず残しておき、野良犬にあげるために持ち帰ります。それを机に隠していたら、何日も貯め過ぎてカビを生やしてしまい、ついに机の中に教科書が入らなくなったことも。

先生に見つかって、授業参観の日にすべて引っ張り出され、「こんなことをしている生徒がいます！」と叱られたのは苦い思い出です。

あの頃はまだ野良猫も野良犬も多かったのです。とはいえ団地の部屋では飼えないので、イヌやネコを団地1階のベランダの下やメーターボックスの中に隠したりしていました。それが団地内で大問題になり、しょっちゅう怒られてもいたものです。

「ヒロちゃんと遊んだらダメよ」

キジバトなど鳥類にも手を出しました。人にはめったに懐かないといわれるスズメの餌付けにも成功しましたし、小学校の高学年頃から夢中になったのが、レース鳩でした。

レース鳩とは、遠く離れた場所から鳩を放し、自分の巣に戻る速さを競うレースに出す伝書鳩のことです。日本鳩レース協会と、日本伝書鳩協会という組織があり、国内では１００キロから１０００キロくらいまでのレースが行われています。

レース鳩の飼い主にはトラックの運転手やテキ屋のような人たちが多く、私は子どもながらそうした大人たちのもとに入り浸るようになったのです。近所にある運送会社の敷地内に鳩舎があって、毎日学校帰りに通い始めます。鳩への餌やりや鳩舎の掃除を手伝い、鳩の世話と訓練をして、日が暮れると家へ帰るような生活を始めました。

とにかく虫や動物と過ごしていたので、勉強などまったくしていません。なぜか体育も苦手で、跳び箱は跳べないし、徒競走ではいつもビリ。親にも、学校の先生にも、褒められたという記憶がまるでないのです。そういえば一度だけ、通信簿がオール１だったときは、父親も苦笑いしながら「見事だよ」と褒めてくれましたが。

仲間と連れだって遊ぶのも好きでしたから、友だちも多かったほうだと思います。とはいえ学校では騒ぎがたえず、周りの親たちには「ヒロちゃんと遊んだらダメよ」と眉をひそめられる存在でもありました。いつしか友だちも離れていき、ますます虫や動物しか遊んでくれる存在がいなくなりました。

そんな変わった子どもでしたから、両親もいったい私が何を考えているのかわからず、持て余していたでしょう。どこか違う星から来たような〝異星人〟だったと思います。

路上生活する中学生

小学校を卒業するとき、文集には将来の夢として、「なにか動物にかかわる仕事につきたい」と綴っていたことを憶えています。しかし、その道は中学へ入ったころから、遠く離れていくことになりました。

ちょうど反抗期にさしかかったこともあり、小学校高学年には母親の財布に手をつけたり、夜中に神社に忍び込んで賽銭を盗んだり、悪ガキぶりを発揮していました。それが中学時代にはさらにエスカレートし、いわゆる不良少年に染まっていったのです。

授業をさぼって煙草を吸ったり、バイクで学校へ乗り付けたり。仲間うちで窃盗や喝上げをしたり、暴力沙汰になることもありました。当然ながら学校では問題児扱いされ、あるとき担任の先生が家庭訪問にやってきたのです。

先生は両親と私に向かって、「もう学校には来ないでくれ」ときっぱり言い、それから卒業式まで一度も登校することはありませんでした。

家にも居づらくなりやがて家を出ると、ヤクザになった先輩のもとへ転がり込みました。そこにも居づらくなると、外で野宿するようになったのです。

夜は車の下で寝たり、屋根がある駐車場など雨風を避けられる場所を見つけます。閉店後のショッピングセンターに潜り込み、ペットコーナーの大型犬の小屋の中で寝泊まりすることもありました。冬場はそこで何とか寒さをしのげたのです。

持ちあわせるお金もなかったけれど、神社へ行けば賽銭箱があるし、自動販売機や公衆電話のボックスでお釣りの小銭をかき集めることもできます。食事はスーパーの試食コーナーに容器を持っていって総菜をもらったり、コンビニへ行ってはゴミ箱をあさって、廃棄された弁当を食べたりしていました。

両親は家出した息子をなんとか探し出し、ようやく見つけたときは唖然としていました。路上生活では満足に食べられないので、私はがりがりに痩せ細っていたのです。父親に「死んでしまうぞ、帰って来い！」と怒鳴りつけられ、家へ連れ戻されました。

けれど、私は聞く耳を持たず、反省することもありません。

この頃は、仕事が終わると疲れた身体を引きずり夜な夜な野良息子を探し回っていた父はもちろん、母も疲れ果て、「こんな子を産むんじゃなかった」と口癖のように洩らします。そんな家にいるのが嫌でたまらず、私はすぐ飛び出してしまいます。その繰り返しが続き、ついには両親も諦めたようでした。

そんなホームレスのような生活をなぜ望んだのでしょう。振り返ればいろいろ理由があるとは思いますが、あの頃はただ外での生活が楽しくて、家へ帰りたいという気持ちがまったくなかったという感じなのです。

我慢して、毎日学校へ通って勉強しなければいけないのが普通だとしても、自分にはとてもじゃないけど耐えられない。好奇心旺盛な時期に何でも自分の好き勝手にできることがとても快感でした。

外の世界は何もかもが刺激的で、出会う大人も凄い人たちでした。私は年齢をごまかして葬儀社で雇ってもらったり、ゴルフ場のキャディのアルバイトをしたりと、〝生きる力〟を発揮していました。

ただ実のところ、危ない世界へ足を踏み込んで、身の危険にもさらされるような紙一重のところにいたのも事実です。運よく無事に切り抜けたこと、そして様々な大人に出会ったことが、後の生き方を支える自信につながったような気がします。

「あいつを家に連れてこい」

下に敷いた段ボール越しにも冷えたアスファルトの感触が身体に伝わってきます。冷たい北風が吹く夕暮れ時、いつものように我が家である青空駐車場の片隅で夜を越す準備を整えていると、声をかけられました。

「うちの親父が呼んでるから来てくれ」

つい最近知り合った、同年代の眞鍋でした。家に着くと鋭い目をしたパンチパーマの親父さんが言います。

「ガリガリに痩せてるなあ。真冬にあんなところで、物もちゃんと食べずに暮らしてたら死ぬで！　遠慮せんでええからうちで寝泊まりしたらええ」

そしてにっこり笑ったのです。その日から、眞鍋家でしばらく居候生活を送りました。

ただ大袈裟でなく、線路脇に建てられた家は電車が通るたびにものすごい振動に見舞われます。家というより物置小屋のような狭い空間でした。ただ眞鍋は、私が駐車場にいると「飯出来たで、なんでそこで寝るん?」とか言いながら呼びにきてくれるのです。

親父さんゆずりの優しい心を持つ彼とはその後も関係が続き、関西を中心に活動する劇団「パロディフライ」に所属した彼の公演には今でも足を運んでいます。

フランス料理のウェイターに

結局、ほとんど野宿していたような生活は1年ほど続きました。中学三年生の終わりが近づくと、なぜか先生に「卒業式にはちゃんと出てくれないか」と頼まれ、卒業式だけは出席することになりました。そして、その当日、きっぱり気持ちを入れ替えたのです。

もうこんなバカな生活はやめて、ちゃんと普通に生きようと。自分でも好き勝手なことはやり尽くしてしまって、そろそろ飽きていたのでしょう。私はすっかり外見も変えて、きちんと仕事に就こうと心に決めました。

中学を卒業後、私はまず神戸で飲食関係の仕事を探しました。最初はお寿司屋に勤めたものの、髪型などあまりに規則が厳しくてやめました。次は喫茶店に勤めたところ、意外と接客には抵抗なく溶け込めたのです。ちょうどバブル景気に向かう時代でしたから接客業の働き口は数多くあり、思いきって飛び込んだのがホテルでした。

神戸は古くから港町として栄えてきた街で、老舗ホテルが多いことでも知られています。まだ17歳でしたが、１８７０年開業の格式あるホテルで働き始めました。

そこでフランス料理のウェイターをすることになったのです。

それまでの私を知る人たちには信じ難かったでしょうが、ビシッとタキシードを着て、お客様に給仕するようになりました。フランス語も少し覚えました。あのホテルマン時代にサービスの基本をたたき込まれ、言葉遣いや接客を身につけたことが、意外なほど今の仕事にも非常に役立っていると思います。

神戸のホテルでは3年間勤め、楽しく過ごしました。それでも私はやはりひとつの場所では飽きてしまう性分なのでしょう。

その後、関西を離れ、東京でしばらく働き、その後ふらりと向かったのが長野でした。住み込み寮がある事を条件に探し、部品工場で雇ってもらい、時給があがる夜間の作業をこなします。続いて、宅配便の作業所で荷分けの仕事に就き、夜勤をつとめました。

荷分け作業は、吹雪が舞い込む屋外で一晩中走り回るようなきつい仕事でしたが、夜明け前に仕事が終わるとそのまま中央アルプスに向かいます。山に分け入り焚き火のそばで暖をとりながら食事を作り、寝袋で寝て、夕暮れになるとまた麓に降りて夜勤をつとめます。そのような生活を2年ほど続けふたたび東京へ向かいました。

沖縄のクルマエビ漁師に

こうして様々な職業を経験してきた私は、まだまだいろんな場所に住み、経験を積みたいと考えていました。東京で働いた後は沖縄に移り住むことになります。

あのときなぜ沖縄へ行ったのか。とりたてて目的があったわけではなく、ただ何となく行ってみたかったのです。初めは3日間ほどの旅行のつもりでした。それでもあちこち旅するうちに、沖縄独特のゆるやかな空気と人の絆が心地良くなっていきます。ならばこのまま住みつこうと思ったのです。

もっともすぐに仕事を探す気になれず、しばらくは気ままな路上生活を送ります。住む家もないのに、ペットショップで見た鳩を買ってしまい、それがきっかけで沖縄の鳩レース協会の人と知り合いました。すると、その人が名護市内のリゾートホテルの部長さんで、「うちで働かないか」と誘われます。ここで早速、ホテルマンの経験が役立つことになりました。

私はこのリゾートホテルで働きながら、休日にはよくイヌたちを車に乗せて一緒に海へ出かけていました。幼いときから海に馴れ親しんでいたので、イヌと共に沖まで泳いでは何メートルも潜ります。

それが昂じて、ついには「この海で漁師をしよう！」と思い立ちました。自然と触れ合いながら生き物たちに関わる仕事がしたいという、幼いころからの思いが強くなっていました。

やがて2年ほど勤めたホテルを辞め、沖縄近海でクルマエビを養殖する仕事を見つけました。毎日夜明け前から日が暮れるまで、エビの健康状態をチェックするため身体に重しを巻いて水中深く潜ったり、出荷するために仕掛けておいたカゴを引き上げたりと重労働をこなしていきます。

そして、この時期に思いがけない人生の転機が訪れたのです。

生き物たちに教わった知恵

ある晩のこと、私は不思議な夢を見ました。

いつのまにか自分は「ペット探偵」となり、行方不明になったペットたちを捜索していました。そして大活躍をしている――。

まだ「ペット探偵」などという言葉も知られておらず、そんな仕事があるとは思ってもみません。それでもなぜか、ものすごくリアルな夢なのです。パッと夢から覚めた瞬間、私はひらめきました。

「世界中でこんな仕事をしている人はいないだろうから、僕がこれをやろう！」

こんな話をすると、その手の人間かと誤解されてしまいそうですが、私自身はもともと夢や占いなど全然信じないタイプです。けれど、あの瞬間には何の疑いもなく、「これこそ自分の仕事だ」と感じられたのです。

今思えば、あれはただの不思議な夢でもないのでしょう。それまでの自分を振り返ると、いろんな体験がずっとつながっているのですから。もの心ついたころから虫や動物たちと関わり合ってきました。中学時代、ホームレスのように野宿していたときも、野良猫や野良犬が私に寄ってきたものです。

車の下や駐車場の片隅で寝ていると、そこから見える街の風景や行きかう人の足は巨大で、そびえ立っているようです。さらに見ていると、イヌやネコの目からは常に、私たち人間の世界がこんな風に見えているのだと気づきます。

どんな場所なら雨風をしのげるか、安全に身を隠すのには最適かも、イヌやネコに教わりました。つまり、野放しにされた動物に学びつつ、彼らになりきる体験をしていたのです。

また長野で夜勤明けにひとりで通っていた山では、動物を探していました。日本アルプスの稜線を歩いていると、ニホンカモシカや猿、熊などいろんな野生動物がいます。そんな動物たちに会いたくて、どんなに疲れていても、黙々と登っていきます。夏は川で渓流釣りをして遊んだり、山の中でキャンプ泊をして、また降りてきます。真冬の猛吹雪の中でも、駆り立てられるように山へ出かけていました。

そうした体験があったからこそ、沖縄の海にも惹かれて漁師になった。そこで「ペット探偵」の夢を見たことはやはり偶然ではなくて、ちゃんと理由があったのだと思います。私は27歳になっていました。

クルマエビ養殖場の研修期間が過ぎ、正式に雇ってもらえる時期が近づいていました。場合によっては台湾に移住して新たに養殖場を運営する話も出ていましたが、本当によくしてくれた社長さんに心の内を話し、「ペットレスキュー」開業のため再び上京することに決めたのです。

ペットレスキュー始動

捜索の現場に出ると、不思議とどんな状況も辛くはありませんでした。炎天下や冬の厳しい寒さの中、黙々と外を歩き続けることも苦になりませんし、飼い主さんとのやりとりがしんどいと感じることもありません。それは今も変わらないのです。

依頼は全国各地から舞い込むので、ひとつの仕事が終われば、またすぐ別の場所へ向かうことになります。いわば旅をしながら〝狩り〟をしているような仕事の仕方、生き方が性に合っているのでしょう。

　そしてペット専門捜索会社「ペットレスキュー」を1997年に立ち上げました。一般には「ペット探偵」という仕事がほとんど知られていなかったので、依頼も月1件あるかどうかという苦しいスタートでした。

　いざ依頼があればすぐ駆けつけられるように待機しますので、他にアルバイトをするわけにはいきません。それでも、これまでの経験から逆境には強く、何とかなるだろうと楽観的に思えるところがありました。そしてもちろん、この仕事を辞めたいと思うことなど一度もなかったのです。

　当時はまだSNSなどネットによる情報拡散は存在せず、ポケットベルを持ち歩きながらチラシとポスターを頼りに足で情報を集めるしかありませんでした。ただし若さゆえの体力には自信がありました。地道に続けていくうちに、依頼者の飼い主さんからの信頼を得て、「あそこに頼むといいわよ」とまた人づてに依頼が入ってきます。やがてネットの普及とともに口コミが広がり、どんどん仕事が増えていきました。

川に落ちてしまったネコ

この数年はありがたいことにテレビや雑誌などメディアで取りあげられる機会が多くなってきました。けれど、私自身はこの仕事を始めたころと何も変わっていません。

いちばん最初に受けた仕事のことは今も鮮明によみがえります。

それは誰かが川に投げこんだネコを救出してほしいという依頼でした。東京・江戸川区の新小岩を流れる川で、近所に住む女性から電話があったのです。

「ネコが川に落ちてしまったんです。私はとても助けに行けないので、どうか代わりに保護してください！」

切羽詰まった声で頼まれ、急いで車で駆けつけると、すでにネコの姿は見えなくなっていました。川辺をあちこち捜し回ると、水際にネコがいました。何とか自力で川からあがったのでしょう。でも川沿いのコンクリートの歩道へはかなりの高さがあるため、そこから登りきれないでいます。

私は捕獲器を持って水際へ近づいていきました。ネコは警戒した目で私を見ていますが、抵抗することなく両手におさまってくれました。ネコを捕獲器に入れ、片手で持ちながら歩道へあがるためのハシゴを登ります。何とか片手でハシゴを登りきると、ほっとする気持ちが湧き上がってきました。

歩道では、はらはらした様子で、依頼者が待ちかまえていました。ネコと私を見ると、彼女はもう泣き出さんばかりに喜んでくれました。

「こんなに喜んでくれるのか」

あの瞬間の感動は、今でも忘れられません。

じつは川に落ちたのは女性の飼い猫ではなく、ごく普通の野良猫でした。それでも何とか助けたいという一心で、私に救助の依頼をしてきたのです。それ以来、ご縁が続き、後には「飼い猫がいなくなりました」という別の依頼も受けました。

この仕事をするには冷たい人間

このように書くとまるで順風満帆に聞こえるかもしれませんが、捜索においては日々、迷ったり反省したりの繰り返しです。「あのすき間をもっと奥まで見ればよかった」「最初からあっち方面を捜せばよかった」――現場を見ながらの判断も、後になればもっとこうすればよかったのではとの考えが湧いてきます。そう思っても遅いからこそ、本書で率直にお話ししてきた手順を踏みつつ、地道に捜索を進めます。

それでも時間切れになることは多々ありますし、悲しい結末に終わることもありますが、私はひとつの現場が終わると次の捜索に持ち込まないようにしています。100件依頼があれば100通りの失踪パターンがあります。生い立ち、性格、地形、天候などそれぞれ状況が異なります。一度リセットして取りかからないと次に進む事が出来ないのです。これは私自身にどこか、冷たい部分があるせいかもしれません。

それでもいちばん最初に川で救助したネコのことだけはとてもよく覚えているのです。自分の中でも忘れてはならないという思いがあり、おそらく私がこの仕事に取り組む姿勢の原点になっているのでしょう。

そして経験を重ねるなかで、感覚も多少は磨かれてきたでしょう。依頼を受けられる件数に限界がある申し訳なさから、以前から電話でのアドバイスも行ってきました。行方不明になった状況やペットの特徴などを聞き取り、幾つか質問したあとで「こう捜してみればどうでしょうか」とお伝えする方式です。

ちょうど最近も、こんなケースがありました。

暗闇の中で見える光

家を引っ越す際に運送業者の出入りがあって、玄関の扉が開いていたすきにネコがいなくなったという相談でした。飼い主はそのすきに逃げたのではと疑いつつも、念のため部屋の中も全部探したそうですが、ネコの性格からすると、まだ家のどこかに隠れているような気がするといいます。

各部屋や台所、浴室などの様子を聞いたところ、ピンとくるものがありました。

「今すぐ、浴槽の下を見てください」

飼い主さんが慌てて見に行くと、排水溝からつながる浴槽の内部のすき間にネコが潜んでいたのです。さすがに驚かれましたが、最近は特に、電話のやりとりでもかなり見つかるようになりました。

捜索に入ると、私も飼い主さんと一緒に暗闇の中を歩いている気持ちになります。このまま見つからなかったらどうしようという焦燥感、逃がしてしまった自分を責める気持ち、こんなことになるなんてという思いはもちろん、飼い主さんには到底及びません。それでも一緒に歩く気持ちで、現場から一歩ずつ捜しに行きます。

最初は何の手がかりもなく、出口は見えないけれど、私にはかすかな光は見えています。それはもしかしたら、これまで受けたケースの7割は発見してきたという「自信」が幾らかはあるからかもしれません。

その光に向かって、いろんな手がかりを何とかかき集めながら進んでいくと、カチッと扉の鍵が開くような音がして、ぱっと景色がひらける。そして最後にペットが目の前に現れたときには、いきなりトンネルを抜けたような感じとでもいうのでしょうか。

ペット捜索という仕事の最終地点は、そこを目指すことです。そのときに味わえる感動、飼い主さんとの再会の瞬間が醍醐味でもあります。思えばここまで読んで頂いた通りに飽き性の私が、この仕事を20年以上続けられているのはすごいことです。まさに天職というか、自分の性に合っているのでしょう。

今後は新たなスタッフも一緒に、皆さんからの期待にこたえていけたらと気持ちを新たにしています。

第６章　３度いなくなったロシアンブルー

闘病する妻を支えてくれた

「もしもし、ペットレスキューさんでしょうか。知人からこちらを紹介されて、ご連絡した高野と申しますが……」

５月の連休をひかえた夜、電話をかけてきた高野さんはためらいがちに話し始めました。たいていはホームページを見て連絡してくる人が多く、紹介を受けてというケースは稀です。いったい誰に紹介されたのかと不思議に思って、尋ね返しました。

「どなたからのご紹介ですか？」

高野さんが口にした名前には、確かに聞き覚えがありました。10年ほど前、石川県で飼い猫の捜索を依頼された方だったと思います。男性は高野さんと大学の同窓生で、Ｓ

NS経由で親身に相談にのってくれたそうです。さらに名古屋在住の友人からも「ペットレスキューに頼んだら」と推薦があったそうで、聞くとその人もかつての依頼者でした。合計3人が頼って下さる気持ちに、応えないわけにはいきません。

「うちからいなくなったのは、ロシアンブルーの雄猫です。ネコを運動させる小部屋で、いつも自由に遊ばせていました。ところが、あの日はちゃんと戸締りをしていなかったみたいで、いつのまにか脱走してしまったんです。どうか探し出してもらえないでしょうか」

すっかり途方に暮れた声で、高野さんは語ります。私は引き受けていたケースを片付け、それから3日後に名古屋へと向かいました。

訪れたのは名古屋駅から電車を乗り継いで1時間ほど、丘陵を切り拓いて開発された新興住宅地でした。坂の多い町でアップダウンが続き、大規模なマンションも並んでいます。その一角に高野さんの自宅がありました。

すぐ居間に通され、ロシアンブルーが消えた状況を詳しく聞くことになりました。

「じつは僕の責任なんですよ。妻が大事にしていましてね、それを自分の不注意で逃がしてしまったものですから」

50代半ばと見える高野さんは奥さんと共稼ぎで、娘さんとの3人家族。以前から柴犬を飼っており、ネコを飼い始めたのは数年前、奥さんが病気をされたことがきっかけだったといいます。退院後、しばらく自宅で静養しているときに、高野さんが娘さんと話し合ってプレゼントしたということでした。

「家内にとってはいちばん不安な状態のときでした。でも、あの子がうちに来てくれたことが心の支えになり、一緒に病気と闘ってくれたのです。一生懸命世話をしてやりながら、家内自身も気持ちが癒されたのでしょう、おかげで順調に回復していきました」

奥さんが愛情を注いで育てたロシアンブルーの名前は「ソラ」。雄で、写真を見せてもらうと、全身がつややかなグレーの毛色でおおわれています。青色の首輪に鈴をつけており、スマートな印象を受けました。

「どうかソラを見つけてくださいね」

ロシアンブルーはロシア原産で、ロシア皇帝やイギリスのビクトリア女王の寵愛を受けたと言われるネコです。くさび型の小さな頭に大きな目、先のとがった耳は離れてピンと立っているのが特徴です。その口元は微笑んでいるようにも見えることから「ロシアン・スマイル」とも呼ばれています。

飼い主に忠実で、性格はイヌのようと評されることもありますが、プライドが高く、気まぐれなので人に懐きにくいところもあります。あまり鳴かないネコとして知られ、名前を呼び掛けてもほとんど答えない。「ボイスレス・キャット」という別名もあるほど、静かなネコなのです。静かなこと、美しい容姿から、最も人気のあるネコの一種と言えるでしょう。

日本でもよく見かけるようになったことから、それまでロシアンブルーの捜索は何度か経験がありました。毛色が独特のグレーで体型もシャープなことから、暗がりや夜の闇に溶け込んで姿が見えづらいので要注意です。また野性的で寒さに強く、たまにとてつもない行動をすることがあります。はるか遠距離まで移動することもあり、一筋縄ではいかないというのが私の実感でした。

それでも発見率は高いと言えます。好奇心が旺盛なので、人前にも怖れず姿をあらわしますし、一カ所に身を潜めることもありません。身体的な特徴が目立つので「そんなネコを見ましたよ」と情報が入りやすく、発見につながりやすいのです。

高野さんのご主人とそんな話をしているところへ、奥さんが帰ってきました。最初は穏やかな印象でしたが、心配のあまり眠れない日々だったのでしょう、疲れが表情ににじみ出ていました。

「どうかソラを見つけてくださいね」

そう念を押された私は、さっそく近場から捜索することにしました。

去勢していない場合の行動パターン

いつものようにチラシを作り、一軒ごとに投函しながら情報発信をします。目撃情報が入れば、そのお宅を飛び込みで訪ね、自分の目を使って捜していく方法です。

ところが、１日目、２日目になっても何の情報も入りません。当時は３日間の捜索を１クールとしていたため、残りはあと１日となると私も焦りを感じ始めました。

ご夫婦の期待が大きいことも分かっています。また気になるのが奥さんの憔悴ぶりで、黙ってはいるものの、それだけに無言の圧力のようなものが感じられました。

辺りは住宅密集地でした。2日間かけて2、300メートル圏内のすべてのお宅にチラシを入れても、電話の一本もかかってこない。考え始めたのは、このロシアンブルーは、もしかして突発的な行動パターンを起こすタイプかもしれないということでした。

ソラは去勢をしていませんでした。純血種のネコは子どもを産ませるために去勢しないことが多いのです。人気のある品種なので、子どもも貰われていく可能性が高く、また飼い主にとっても「この子の子孫をずっと残したい」という思いがあるのはもちろんです。

去勢していない雄猫は、遠距離まで移動する可能性があります。ネコは雌が発情すると、それに誘発されて雄が発情するためで、つまり雄は発情した雌を目指して、そのまま遠距離移動することもあるのです。

ロシアンブルーで、去勢していないソラならそんな風に移動するかもしれない。そこで捜索3日目には捜索範囲を一気に広げました。イヌを捜す場合のように、ポスターで「線を押さえる」作戦で、範囲を半径800メートルくらいまで広げてみたのです。

すると、さっそく目撃情報の電話がありました。

「ポスターの雄猫を見ました。うちの庭に来たんです。珍しいロシアンブルーだったので写真も撮ってありますよ」

電話をくれた方は親切に写真も送ってくれました。それは間違いなくソラの姿でしたが、じつは1カ月前に撮られたものだったのです。

いったいどういうことなのか、飼い主の高野さんにすぐさま問い合わせました。すると分かったのは、こんな経緯のあったことでした。

このネコは普通じゃないな

「ちょうど1カ月前にも逃げ出したことがありました。ただ、一晩でうちへ戻ってきたので、よかったと安心したのです」

撮られた写真はそのときのものだったというわけです。目撃情報があったお宅の庭は高野さん宅から1・5キロも離れたところでした。一日でそこまで行き、戻ってきていたことが初めてわかったわけです。

ああ、この子は普通じゃないな。一晩で3キロ移動するとは並みのネコではありません。そして今回の脱走は2度目で、ソラには〝慣れ〟もあるでしょう。そこでまた、捜索範囲を半径3キロくらいまで広げました。車は使わず、歩きながら周囲の状況を確認しての時間を要する作業となり、3日間の捜索はいったんここで終了となりました。

「あとは次の動きを待ちましょう。情報発信しても、すぐ返ってくるものではありません。少し寝かせる時間も必要ですから」

高野さん夫妻にそう伝えると、奥さんはすがるような目でまた言いました。

「絶対に見つけてくださいね……」

私はひとまず藤沢へ帰り、情報が入ってくるのを待ちました。きっとあのソラならば、自力で生きているはずだ。そんな感覚を覚えつつ、ちょうどこの少し前に相談を受けることになった、もう1匹のロシアンブルーのことを思い出さずにはいられませんでした。

パーキングエリアから消えた

埼玉県に住む夫妻からの依頼で捜していたのは、高速道路のパーキングエリアでいなくなったロシアンブルーの雌でした。状況がとても特殊なケースです。「パーキングエリアに駐車してドアを開けた瞬間に、ぱっとすり抜けていなくなってしまったのです。ずっとケージに入れていたのですが、長時間の移動になったのがかわいそうで、出していたことをうっかり忘れていたのです。

悔やんでも、悔やみきれません。仕事が終わるとパーキングへ向かって探し、週末には一晩中探していますが見つかりません。あの子も見知らぬ場所に出てしまって、本当に心細いと思います。何とかお願いできないでしょうか」

飼い主さんからの懸命な頼みでも、私は抱えているケースが増えてしまっていて、駆けつけられませんでした。

「申し訳ありません。残念ですが、代わりの者を紹介させていただきますので」

私は唯一知り合いのペット探偵を紹介して、そこで一回バトンを渡しました。それまで何度か代わりを頼んだことがあり、経験も積んでいる人でした。しかし、2日間の捜索作業で何の手がかりも得られず、飼い主さんが3日目に連絡をとったところ電話もつながらなくなってしまったそうです。

高速道路のパーキングエリアは車の出入りが激しく、たえず人が流れているので目撃情報を集めるのは不可能です。難しい捜索のうえ、探偵は飼い主さんともうまくコミュニケーションがとれず、手に負えないと勝手に放り出してしまったようでした。

ここで、困り果てた飼い主さんからクレームが入りました。私は探偵を紹介した手前、その費用を負担することを申し出ました。すると意外にも飼い主さんから「何としても藤原さんにお願いしたい」とふたたび頼み込まれたのです。自分としてもずっと気がかりだったので、何とか都合をつけた1日で現場へ向かうことにしました。

高速道路の下のトンネル

ロシアンブルーがいなくなったのは、中央自動車道のパーキングエリアでした。現地に着いてみると、小さなバーガーショップがあるだけの比較的狭いスペースです。ああ、これはもう敷地内から出ているな、とすぐに感じました。

敷地の裏手には外へ抜けられる細い道が一本延びており、そのほかは小高い山が接している地形です。おそらく山の中へは入っていないだろう。細い道をしばらく歩いてみましたが、この近辺にもいない気配です。

やがて、高速道路の下を貫通するトンネルがあるのを見つけました。ここをくぐり抜けたかもしれない。人が一人通れるくらいの小さなトンネルで、そこを抜けると、反対側に広がる住宅街へ続いています。

ただ本当にネコが通ったかどうかといえばちょっと迷うところもありました。なにしろトンネル内部は、上を車が走行する凄まじい音で振動していますし、ネコが身を隠せる場所もありません。これを行くには、相当な恐怖にさらされるわけです。それでも可能性はあると思い、私もトンネルを抜けてみました。

住宅街とその周辺でチラシを投函し、ポスターを貼ってみたところ、後日、１件だけ情報が入ってきたのです。

「じつはうちの家で亡くなっていたんですが、お宅のネコじゃないですか」

チラシを見たという人からもらった電話は、悲しい知らせでした。空家になっていた民家の階段に手をかけて倒れ込むように亡くなっていたというネコ。痩せ細り、衰弱して息絶えていたそうです。行方不明になってから１カ月が経っていました。

飼い主さんに電話して、すぐ確認に行ってもらいます。「うちの子でした」と悲痛な声で連絡がありました。後日、私はご自宅を訪ね、家の前に花束を置いて帰ってきました。

じつは夫妻とは電話のやりとりだけで、結局、一度も会っていません。ただし、最初に依頼を受けたときに私が捜せていれば、あのネコは亡くなることなく見つかっていたかもしれない。後悔の気持ち、申し訳なさが押し寄せます。飼い主さんにとってはやりきれない気持ちばかりが残ったでしょう。それでも最後は「ありがとうございました」という言葉をいただくことができました。

駅をふらふら歩くネコ

見つけられなかったロシアンブルー。見つけられるかもしれないロシアンブルー。つい、名古屋のソラの捜索には気合が入ります。

範囲を広げてポスターを貼ってから1週間ほど経った頃、ついに「ロシアンブルーのネコがいました」という連絡が入ってきました。

それは思いがけず、バスの運転手さんからの電話でした。なんと自宅から5キロも離れている駅のロータリーで目撃されたのです。運転手さんがバスを停車していたところ、がりがりに痩せたネコがふらふらと前を歩いてきたのだといいます。

グレーの毛色をしたキレイなネコで首輪もついていたといい、たまたまポスターで見かけたネコに似ていたので連絡をくれたそうです。

飼い主さんにその情報を伝え、私はただちにまた名古屋へ向かいました。それほど長距離を移動したとは、やはりソラは並みのネコではありません。

近隣でチラシを投函し、ポスターも貼ったところ、さらに3件ほど情報が集まりました。「このネコを見ました」とか「ふらふら歩いていましたよ」という情報で、皆さんが口にするのは、がりがりに痩せ細った姿です。そのうちもっと詳しい情報が入りました。「そのネコを保護された方がいますよ。ピアノの教室の先生が保護して、おうちへ連れて帰られましたよ」

それはピアノ教室に娘さんを預けているお母さんからの連絡でした。すでに教室は終わっている時間だったので、翌朝すぐに電話番号を調べて問い合わせてみました。すると、まだ出勤していないので、後ほど電話してほしいと言われ、再度電話しました。

そしてようやくその先生につながったのですが、どうも対応が冷ややかなのです。率直にいえば、つっけんどんな対応で明らかに迷惑そうな感じでした。

「確かにそのネコはこちらで保護しています。ただ、今はちょっと忙しいので、後ほど電話してもらえますか」

「はい、それでは夕方くらいにお電話しますね」

あらためて夕方連絡したところ、またも冷ややかな対応でした。

「すみません、そのネコは実家の方にいるんですよ」

「ああそうですか。じゃあ、ご実家のご住所と連絡先を教えてください。明日、ご実家の方へ連絡して、会いに行きますので」

その日はもう遅かったので、ここで高野さんへ報告しました。どんな状況で見つかったかということを知らせ、首輪をつけていたことを伝えると、ほぼ間違いないと確信されたのでしょう。やっとホッとされたようでした。

ところが、事態はまた一転してしまうのです。

「またいなくなったんですよ」

翌日、ソラを受け取りに出発する直前、念のために先生に電話してみたときです。

「今からご実家へ伺いますので、連絡しておいて頂けるとありがたいです」

「じつはね、あの子、またいなくなったんですよ……」

その瞬間、真っ先に頭に浮かんだのは高野さんの奥さんががっくりする顔です。やっと見つかったと喜んだのも束の間、また振り出しに戻ってしまった。なぜ逃げてしまったのか。そのお宅から逃げたとすると、どこへ向かうだろうか。

それでも諦められず、聞いていた実家へすぐ電話してみました。何か手がかりがあればと思ったのです。

「もしもし、ペットレスキューの藤原と申します。そちらで娘さんが見つけた迷い猫を保護されたと聞きました。そこで今朝、お電話したところ、また逃げてしまったそうですね」

電話口に出たのは先生のお母さんでした。私からの電話に慌てたようで、口ごもるような声で答えます。

「いえ、もう見つかりましたよ。一回飛び出したんですが、また捕まえましたから……」

「ああ、良かったです。では、今からそちらへ伺います」

私がそう答えると、お母さんはきっぱり言いました。

「今、返すことはできません。ちゃんと飼い主さんを連れてきてください。あなたに返すことはできませんから」

お母さんはどうやら、私の話を疑っているようでした。

「そうですか、わかりました」

それも仕方のないことです。きっとペット探偵なんて初めて聞いたことでしょう。ただし私には、お母さんの言葉がどこか不自然に聞こえました。どうやらネコを返したくないのでは、と感じたのです。

思えば、ソラを保護した娘さんも電話口ではずっと冷ややかな対応でした。そして、こんな風にも言っていたのです。

「両親はネコに親身になって、すごく可愛がっています。病院へ連れて行ったり、いろんな世話をしていますので、くれぐれもお礼のことはお願いしますね」

「本当はお返ししたくないんですよ」

私はすぐ高野さんに電話して、こういう状況だから、一緒に来てもらえるだろうかと頼みました。ご主人は出張中ということで、奥さんが同行してくれるといいます。助手席に乗った奥さんは、車が走り始めても「この目で見るまでは」とさらに緊張を強めているのが伝わってきます。

二人で先生のご両親のお宅を訪ねました。老夫婦はともに人柄がよさそうな印象ですが、お母さんの方はやはりぎこちない感じです。

娘さんからネコを預かったときの状況を聞き終え、何気なく「途中で一度逃げ出したんですよね」と確認したとき、横で聞いていたお父さんは「えっ、そうなのか?」と不思議そうな顔つきを見せました。

私は気づかないふりをして「また見つかって、良かったですね」と聞き流しましたが、これでなるほどと腑に落ちたのです。

おそらく逃げたというのは、ネコを可愛がっている両親を思って、娘さんがとっさにした作り話だったのかもしれないと。逃げたことにすれば、飼い主に返さなくてすむからと、お母さんにだけ話していたのだと思います。

さすがにお母さんも嘘はつけず、私達を迎えてくれたわけですが、やはりソラとの別れは辛そうでした。ご夫婦はそれまでにも捨て猫を保護したことがあったそうです。ネコだけでなく、ほかにヘビなども保護したことがあったといいます。

「私が回復させて、野生に戻してあげたのよ」

動物の世話には慣れていること、長年飼っていたネコももう亡くなっていたことから、思いがけず世話することになったソラを可愛がってくれたのでしょう。1週間ほどの間にすっかり愛情が湧いて、もうこの子と暮らしていこうと思っていたかもしれません。

「本当はお返ししたくないんですよ……」

そう涙ぐんでいるお母さんに、飼い主の奥さんもそっとうなずいています。

「お気持ちは、とてもよくわかります」

それほど大切にしてもらったことに感謝して、何度も頭をさげていました。

行方不明になってから半月にもなるソラはといえば、かなり痩せていました。外を移動している間に相当のダメージがあっただろうと思われます。発情しているときの雄猫は雌猫を追うことに夢中になってしまってあまり食べない傾向があるのです。

実際、目撃情報の通り、老夫婦のところへ来たときには命も危なかったようです。病院へ連れていってもらい、手厚く面倒を見てもらっていたけれど、まだまだ回復にはいたらず不安定な状態でした。

とはいえソラ本人は、涙を流して喜んでいる高野さんの奥さんに再会しても、淡々とした態度としぐさを見せています。それはじつにネコらしくもありました。そしてそんなソラを連れて車で帰宅する道中の幸福さといったら、これ以上ないものを私も感じていました。

自宅からの2度の脱走に、「いなくなった」と言われたことを合わせると、3度も私たちを心配させたソラでしたが、せめてこのロシアンブルーを飼い主さん一家のもとへ帰すことができたのは本当に良かったと思っています。

▲「おかえり！」著者に抱かれて帰宅したソラに、柴犬のハナが駆け寄ってきた
◀「あれから2年経ち恰幅良くなりましたが、変わらず膝に乗ってきてニャーと話しかけてくるソラに癒されます」（高野さん）

第7章　災害で置き去りになるペットたち

ペットにも東日本大震災が

迫りくる高波にのみ込まれ、街全体が押し流されていく。連日、テレビで流れる巨大津波の映像を見ながら、私は駆り立てられるような気持ちをじっとこらえていました。

２０１１年３月11日、東日本大震災で甚大な被害を受けた東北の地。被災した人々はもちろん、捜索依頼を受けてきたご家族とペットのことが気がかりでした。考え始めると、これまで歩いてきた街の風景も数多くよみがえってきます。

ペットをめぐる悲しいニュースも入ってきていました。福島県のある男性は、家族と高台に避難したところで家に残した愛犬を思い出し、奥さんが止めるのを振り切って自宅へ戻ったそうです。そのまま男性と１頭の行方は分かっていません。

また着の身着のままで避難した人たちの多くが、ペットを置いて行かざるをえなかったでしょう。置き去りになったイヌやネコ、そのほかのペットはどうなってしまったのか。大震災は、飼い主さんとペットの暮らしも引き裂きました。

これほどの規模の災害には自分にできることなどわずかでしかありませんが、とりあえず現地へ行かなければと思ったのです。

現地の混乱ぶりや道路事情を見定め続けて1カ月、4月の初めになって、私はペットフードをホームセンターで買い集め、車に詰め込めるだけ積みこみました。延々と渋滞が続く常磐自動車道を走り続け、目指した先は福島県双葉町でした。

双葉町と大熊町にまたがる東京電力福島第一原子力発電所では、津波被害によってメルトダウンが起き、原子力事故も発生しました。半径20キロ圏内は避難指示が出され、一帯の住民は緊急避難を余儀なくされると同時に、関東全域でも放射線被曝の可能性が刻々と報じられていました。

私が目指した双葉町ももちろん、原則立ち入り禁止です。じつはあの辺りは絶好のサーフィンスポットとして知られており、私もよく波乗りをしに訪れていました。のどかで、そして馴染みのある場所だったのです。

飼い主を待つイヌ

福島県へ入ると、途端に人の姿がなくなっていきました。そして検問が見えてきます。ナビで確認してみると、原発から半径30キロ圏の手前のようでした。

厳重な装備をした警察官に一台ずつ止められて、何をしに来たのかと理由を聞かれます。

「じつは取り残されたペットの状況が心配で、ペットフードを持ってきたんです」

すると警察官は怪訝そうな顔をして、出来ればやめておいた方がいいと言うのです。

「いや、どうしても行きたいんです」

「では、途中で止まらないで、そのまま突き抜けてください」

「わかりました」

そんなやりとりをして半径30キロ圏内に入ったところ、見知った風景はすっかり一変していました。

原発周辺となる大熊町はゴーストタウンのようにしんと静まり返り、家や店舗はあっても、住民が見当たりません。「アイ・アム・レジェンド」というハリウッド映画に登場する、廃墟と化した街で一人生き残った主人公のような気分に陥りました。

海沿いへ向かう道を走っていくと、防砂林の松はなぎ倒され、漁船が田んぼの中まで流れ着いていています。よく泊まっていた宿舎は跡形もなくなっていました。

自衛隊はじめ非常用車両ばかりが道路を行き交っていますが、なぜか短パンをはいてジョギングしている年配の男性がいました。さらに進むと、車を停めて窓を開け、音楽をがんがん鳴らしながら昼寝をしている40代くらいの男性もいました。彼らは何らかの理由で、避難することを選ばなかったのでしょう。

津波が押し寄せた辺りは地面がひび割れ、陥没しています。それらを避けながら走っていくと、福島第一原子力発電所のすぐ横までたどり着いてしまいました。

防護服に身を包んだ作業員たちの姿を見たとき、ようやく現実に引き戻されたのです。それだけ避難圏内の変わりように引き込まれてしまっていました。

それでもここまで来たのは、置き去りにされたペットにご飯を与えるためでした。しかし、イヌにもネコにも出会いません。どうなっているのかと車を降りてみたところ、私の気配を察知したのでしょう、イヌがすぐそばの敷地内から吠えるのが聞こえました。

イヌには首輪だけで、リードは付いていません。ですから逃げよう、移動しようと思えばいつでもできたはずです。でも1カ月もここに留まっているのは、きっと飼い主が帰ってくるのを待っているからに違いありません。持参したドッグフードをそばに撒きました。

すさまじい形相のネコ

歩いていると、ネコの姿も確認できました。壊れた家屋のかげに身を潜めていたのです。近寄ろうとしたとき、凄まじい臭いに気がつきました。原発に近い家屋ですから、このどこかにまだ亡くなった方たちが収容されないまま残っているのでしょう。

異様な空気が漂うなか、よく見るとネコの顔も尋常ではない形相になっていました。飢えて痩せ細り、目つきは険しくつりあがっています。まだ余震も頻繁に起こるなか、たえず恐怖にさらされてきたでしょう。

そう思っていたところに余震が来ました。揺れとともに、地鳴りのような音がごぉーっと響くのが聞こえました。

ネコはひどく警戒したまま、物陰からこちらの様子をうかがっています。キャットフードを撒いて、車でその場をちょっと離れると、すぐに飛びつきます。その警戒ぶりはほかのネコやイヌも同じでした。

そもそも、災害時にはペットもパニック状態になります。天変地異にはもともと敏感な彼らは、いつもと違う行動を取るのです。普段は越えないところを飛び越えますし、開けないところを開けて逃げてしまう。もし自宅が壊れるなどしたら、突っ走ろうとするイヌを止めようとしても止められません。ネコは安全な場所を求めて、崩れた家の奥に隠れて出てこなくなるでしょう。

あちこちでペットフードを撒きながら、大熊町から双葉町へ北上を続け、避難圏内をまっすぐ突き抜ける60キロ先まで走りました。双葉町の商店街の入り口に掲げられた「原子力　明るい未来のエネルギー」の看板、何度もニュースで見た光景を実際に目にしたときには、なんとも空しい気持ちになりました。

帰りは同じルートをたどって戻り、とにかく警戒区域の外へ出ました。もう夜になっていたので、泊まれる場所を探しますがなかなか見つかりません。やっと灯りが見えたのは健康ランドでした。

その夜はそこに泊まることにしたのですが、館内で迎えてくれたのは、派手なハイビスカスのアロハシャツ姿のスタッフでした。けれど、それを着ている人たちの表情は恐ろしく暗かったのです。

そこで周りを見渡して初めて、その施設が避難所にもなっていて、地元から逃れてきた人たちを受けいれていることに気がつきました。お客さんたちの顔も暗く沈みこんでいる様子は忘れられません。なかには家族の行方が分からない人、ペットを自宅に残してきた人もいるはずです。

私は翌日も警戒区域の周辺を車で走り、ペットフードを全部撒いたところで帰ってきました。あの2日間で出会ったイヌとネコは、30頭くらいでしょうか。食べるものを求めてうろうろ出歩いたり、もしかしたら群れを作ったりしているのではと思っていましたが、意外にも予想は外れました。その理由のひとつは、彼らが自宅に留まって飼い主を待ち続けていたからでしょう。

私がしたことなどたかが知れていますが、今後も起こる災害に備える意味で、ひとつの経験になりました。

南相馬市からのレスキュー依頼

「もしもし、ペットレスキューさんでしょうか。じつは福島の者ですが……こちらへは来てもらえないですよね」

女性から電話があったのは、私が現地から帰ってから間もなくでした。地震直後にイヌがいなくなったそうですが、放射線汚染も心配されるなかでは、とても引き受けてもらえないだろうと依頼をためらっていたそうです。

「いいえ、すぐに行きますよ」

私はそう答えると、川上さんと名乗った女性に住所を聞いて、ふたたび福島へ車で向かいました。現地の状況がわからなかったため、数日分の水や食料に加えて、ペットフードを多めに積みました。

川上さんの家は福島県の浜通りに位置する南相馬市にあり、津波被害はまぬかれたものの、避難勧告が出ていました。住宅街はやはり人の気配がなく、訪れた日はかなり雨が降っていたこともあり、なおのこと静かでした。

出迎えてくれた川上さんは60代の女性で、どうやら一人きりで暮らしているようでした。まさか翌日に来るとは思っていなかったようです。

「わざわざ遠いところを来ていただいて、ありがとうございます。こんな状況では、見つかるほうが難しいのは分かっていますが、命がけでここまで来てくださったことだけで本当にありがたいです」

深々と頭を下げられ、こちらも恐縮するほどでした。

「僕は先日も来ていましたから、大丈夫ですよ」

私は軽く答えると、いつも通り、まずは行方不明になったイヌの特徴を詳しく聞いていきます。川上さんが飼っていたのは日本犬系の雑種で、写真を見せてもらうと紀州犬くらいの中型犬でした。カズと名づけられた4歳の雌です。

震災当日、川上さんはカズと家にいました。突然の激しい揺れに襲われたとき、カズはすっかり怯えてしまったそうです。食器棚の中身や簞笥の上のものがガラガラと崩れ落ち、窓ガラスも割れて破片が飛び散るなかを、飛び出して行ってしまったといいます。

「私自身もびっくりして、カズが走るのを見たような気がしますが、はっきりそうだとも言えないんです。私自身もケガをしないようにと必死でした。揺れが収まったところでいないと気がつき、あちこち近所を探してはみたんですが、いません。なにせ足が速いイヌですから、どこにも見当たらなくて……」

「私はカズを置いて行けない」

カズを探し続けては気を落とす川上さんに追い打ちをかけるように、避難勧告が出されました。近所の人々もどんどん避難していきます。川上さんも決断を迫られますが、そこで覚悟を決めたと言います。

「カズが帰ってくるかもしれないでしょう。だから私は、ここから動けないと思ったんです。お腹を空かせて帰ってきたときに、もし私がいなかったらどれだけがっかりすることか」

自宅はかなり損壊し、余震もしょっちゅう起きていました。もちろん放射線被曝の危険もあります。でも川上さんは、愛犬を見捨てることはできないと決めたのです。閑散としていく街に一人きりで残ることはどんなに不安で心細かったことでしょうか。それでも川上さんはいまも、我が子の帰りを待つ母親のような思いでいることが伝わってきました。

私はカズの写真を受け取り、さっそく捜索を始めました。しかし、どちらの方向へ逃げてしまったのか、まったく手掛かりはありません。なにしろ町には人がいないので、チラシやポスターの効果も期待できません。いちばん重要な情報収集ができないのです。

私はとにかく周囲を歩きまわり、また車で走りながら、イヌが身を潜めていそうな場所を目で追っていきました。その先々で運よく人に出会えば、「こんなイヌを見ませんでしたか」と聞いていきます。けれど、返ってくる答えは似たようなものです。

「いっぱいイヌは見るけど、どれがそのイヌかわからないよ。あちこち逃げてきたイヌだらけだからね」

なかには「あっちの方で見たよ」と教えてくれる人もいますが、確認に行ってみると、とうに姿は消えていたり、違うイヌだったりと、その繰り返しです。あいにく雨も降り続き、聞き込みもままならない状況でした。

いったいカズはどれくらい走って逃げたのか、果たして生きているのだろうか。

3日間ひたすら捜索しましたが、結局、何の手がかりも見つけられなかったのです。またカズが自宅に帰ってきている痕跡もありませんでした。

すっかり気落ちしている川上さんを見るのはしのびなく、申し訳なく思うばかりでしたが、ご本人は気丈に笑みを見せ、「ありがとうございました」としきりに言われます。

「今後も何か手がかりがあれば、よろしくお願いします」

川上さんにそう伝えると、私は福島を後にしました。

ペットとの「同行避難」

その後も被災地の飼い主さんからの電話がありました。しばらくすると、こんな相談も入るようになりました。

「避難先へネコを連れて行ったけれど、そこから逃げてしまいました」

ペットを連れて避難する「同行避難」、避難先でペットを飼養管理する「同伴避難」の難しさも浮き彫りになってきたのです。

体育館をはじめ公共の施設などの避難先へはまず、ペットを連れて行くのが難しいという現状があります。人命が優先というのは当たり前のことですし、大勢の人がともに生活する場の難しさもあり、ペットへの苦情が出やすいのです。

そのために、せっかく避難したのに「ペットの近くにいたい」と駐車場に停めた車の中などで生活することを選ぶ人々が数多くいました。2004年に起きた新潟県中越地震では、愛犬と一緒に車で寝起きしていた女性がエコノミークラス症候群で死亡したことを、もしかしたらご記憶の方がいるかもしれません。

実際に、後に実施された東日本大震災に伴う自治体へのアンケート調査では、避難所でのペットのトラブルが報告されています。イヌの鳴き声や臭いなどの苦情が最も多かったほか、「避難所でイヌが放し飼いにされ、寝ている避難者の周りを動き回っていた」「ペットによる子どもへの危害が心配」などという声もあったようです。さらに、アレルギー体質の人がいることから、避難所内では人と同じスペースで飼育することが難しい、という報告もありました。

そうした問題を踏まえて、2013年になって環境省が発表したのが「災害時におけるペットの救護対策ガイドライン」でした(2018年、熊本地震での経験をふまえて「人とペットの災害対策ガイドライン」に改訂)。これは次のように述べて、ペットと飼い主との同行避難を推奨している点で、画期的なものと言えます。

過去の災害において、ペットが飼い主と離れ離れになってしまう事例が多数発生したが、このような動物を保護することは多大な労力と時間を要するだけでなく、その間にペットが負傷したり衰弱・死亡するおそれもある。また、不妊去勢処置がなされていない場合、繁殖により増加することで、住民の安全や公衆衛生上の環境が悪化することも懸念される。このような事態を防ぐために、災害時の同行避難を推進することは、動物愛護の観点のみならず、放浪動物による人への危害防止や生活環境保全の観点からも、必要な措置である。

また三宅島噴火災害動物救援センター（2001年設置）で活動していたボランティアが中心になったNPO法人「アナイス——動物と共に避難する」が立ち上がり、活動に取り組んでいます。この団体の目的は、「緊急災害時に飼い主と動物が同行避難し、人と動物がともに調和して避難生活を送ることができるようサポートをする」ことです。そのためには、ペットの防災対策や避難生活での心得などを知っておくことが欠かせません。「アナイス」はこうした情報提供をするとともに、各自治体への協力要請と働きかけなどを行っています。

私も何らかの協力ができないものか。そこで思いついたのが、ペットのお守りをつくり、その初穂料（売り上げ）の一部をこの団体へ寄付することでした。

鎌倉市佐助にある佐助稲荷神社は、鎌倉幕府将軍の源頼朝が再建したとされる、830年の歴史を誇る神社です。

近年はペットというよりコンパニオンアニマルという方がしっくりくるほど、家族の一員としてペットの幸せ、健康、長寿を願う皆さんの思いも高まっています。2019年に放送されたドラマ「猫探偵の事件簿2」で紹介された、鎌倉・御霊《ごりょう》神社の名誉宮司、

佐助稲荷神社の人形とお守り。人形のおなかには、ギュッと抱きしめている手のシルエットがデザインされている

ネコのウッシーの飼い主である菊池宮司とのご縁があって、菊池宮司が兼任されている佐助稲荷神社でペット用のお守りを頒布していくことになりました。思いを伝えると、菊池宮司が是非やりましょうと賛同してくださったのです。一般的に神社では「四つ足動物」は立ち入り禁止のところ、佐助稲荷神社は境内どこでも一緒に参拝する事が出来ます。

まさにペットに寄り添う神社であり、ここで「ＳＡＳＵＫＥプロジェクト」としてペットのお守り、絵馬、人形をつくり、２０１９年5月から頒布したところ、とても好評です。ここからの寄付がペットの防災対策にもつながっていけばと願っています。

ペットのための防災対策を

東日本大震災を機にペットとの同行避難が着目されるようになり、避難所を運営する各自治体の動きも進んできました。ところが、フタを開けてみたら対応は出来なかったというのが、２０１９年10月に相次いだ台風災害だったのです。

なかでも台風19号の被害の際には、埼玉県川越市で浸水した自宅から消防ボートで救出された中学一年の男子生徒が「ネコを飼っているので避難できなかった」と語ったことが報じられました。

ほか、ネット上には「家族で避難所へ行ってみたものの、ペットＮＧだった」「同行避難は断られました」などという声があり、やむなくペットを連れて家へ戻った人たちも少なくなかったようです。

もっとも、この台風ではホームレスの男性が東京都台東区の避難所で過ごすことを拒否されたという一件も報じられましたから、万が一の際の制度設計はまだ課題が多いのでしょう。

ただし、制度が整うのを待つのでは遅いのです。ご存じのように、災害はいつやってくるか分かりません。飼い主さんが個々に備え、ふだんの生活でも防災対策をしておくことが大事です。先述した環境省の「人とペットの災害対策ガイドライン」はペットのための防災対策、避難用品や備蓄品確保などをあげており、目を通しておいて損はないと思います。

基本的な心構えのほか、例えば「同行避難する際の準備の例」として、ネコの場合には「キャリーバッグやケージに入れる」と同時に、「キャリーバッグなどの扉が開いて逸走しないようにガムテープなどで固定するとよい」などと的確なアドバイスが掲載されています。

「人とペットの災害対策ガイドライン」で想定されているのは主にイヌとネコの場合です。ではフェレットやハムスターなど、ほかの小型哺乳類の場合は何が必要でしょうか。

ペットを避難させるのに必要な避難用品の例

イヌの場合	・首輪とリード（逸走対策として小型犬などはリードを付けた上でキャリーバッグに入れる） ・クレートやケージ（扉のついたもの） ・犬用靴下やバンデージ（大型犬を徒歩で避難させる場合、瓦礫などによる怪我を防止する）
ネコの場合	キャリーバッグやケージ（経年劣化によりプラスチック製の組み立て式キャリーバッグが分解したり、扉が開いたりしないように、ガムテープなどで周囲を固定するとよい）

備蓄品と、持ち出す際の優先順位の例

優先順位 1　動物の健康や命に係わるもの

・療法食、薬
・ペットフード、水（少なくとも5日分［できれば7日分以上］）
・キャリーバッグやケージ（猫や小動物には避難時に欠かせないアイテム）
・予備の首輪、リード（伸びないもの）
・ペットシーツ
・排泄物の処理用具
・トイレ用品（猫の場合は使い慣れた猫砂、または使用済猫砂の一部）
・食器

優先順位 2　情報

・飼い主の連絡先と、ペットに関した飼い主以外の緊急連絡先・預け先などの情報
・ペットの写真（印刷物とともに携帯電話などに画像を保存することも有効）
・ワクチン接種状況、既往症、投薬中の薬情報、検査結果、健康状態、かかりつけの動物病院などの情報

優先順位 3　ペット用品

・タオル、ブラシ
・ウェットタオルや清浄綿（目や耳の掃除など多用途に利用可能）
・ビニール袋（排泄物の処理など多用途に利用可能）
・お気に入りのおもちゃなど匂いがついた用品
・洗濯ネット（猫の場合は屋外診療・保護の際に有用）など
・ガムテープやマジック（ケージの補修、段ボールを用いたハウス作り、動物情報の掲示、など多用途に使用可能）

環境省「人とペットの災害対策ガイドライン」をもとに作成

また飼っているのが爬虫類なら、必要なものも変わるでしょう。また魚類など、連れ出すことが難しいペットについても、準備と心構えが必要になってきます。

家族全員で「避難訓練」を

私がお勧めするのは、まず災害時の情報をまとめておくことです。避難指示が出た場合に備え、自治体の広報紙やウェブサイトなどで災害時の避難所の所在地や避難ルートを調べておく。さらに同行避難に備えて、「ペットと一緒に避難できるか」「飼育環境はどうなるか」など、問い合わせておきましょう。

またペットを含めた家族全員で「避難訓練」をしておくことも大切です。ケージやキャリーバッグに入れたペットと、マンションの非常階段などを伝って避難場所に行ってみる。所要時間、危険そうな場所、普段の道が通れない場合の迂回路もチェックしておきましょう。

地震は予測できないとしても、台風など事前に警報が出ているときは、当日になったらケージやキャリーバッグを用意しておきます。そのためには普段から、ペットがケージやキャリーバッグに入ることを嫌がらないように慣らしておくことも必要です。

少しでも危なそうだなと思ったら、早めにケージやキャリーバッグに入れてしまいます。いざ自宅が浸水しはじめたり、窓ガラスが割れたりという事態になってペットをつかまえるのでは、飼い主も命の危険に遭いかねません。

そして今すぐにでもできる対策が「首輪」です。室内飼いのネコの場合、圧倒的につけていないネコが多いのですが、「首輪をつけているネコ」ほど見つかります。理由は簡単で、人々に認識されやすいからです。「できるだけ自然にしてやりたい」「ストレスを与えたくない」という飼い主さんの気持ちはよく分かりますが、万が一の場合を考えるとどちらがよい選択なのか、ぜひ検討して頂きたいのです。

今後もさまざまな災害に見舞われる可能性があるだけに、最大の危機意識を持って備えておくことが欠かせません。もし災害が発生したときは、まず自分の身の安全を第一とし、落ち着いてペットの安全を確保してほしいと思うのです。

第8章　マンション6階から逃げたネコ

「主人を探しに行ったに違いありません」

「川崎市の柳田と申します。うちのネコが急に出て行って、戻らないんです。主人がかわいがってきたネコで……きっと主人を探しに行ったに違いありません。

じつは、主人は1週間前に亡くなりました。急に自宅のマンションで……思ってもみませんでした。通夜や葬儀を済ませた後、家族の出入りが続いていたときに、自宅のドアからふっとマロンが出て行ってしまったんです」

かかってきた電話の話を聞きながら、それは大変なことでしたねと何度もつぶやいてしまいます。

ただ、「主人を探しに行った」とはどういうことだろうか。気丈に、丁寧に説明してくれる柳田さんの力になれたらと、私はマンションへ向かうことにしました。

真新しい祭壇がおかれたリビングで、詳しい状況を聞いていきます。

黒白の模様がはっきりした日本猫のマロンは、子猫のころからご主人が心を込めて育ててきました。室内で飼われており、短時間だけベランダを通じてお隣のお宅へ遊びに行くことがあったといいます。そうすると、行方不明から数日たってもまだ近くにいると思えます。

さっそくマンション内から捜索を始めました。

マンション内で確認すべきポイント

6階にある柳田さんの自宅ドアから出ると、外廊下です。廊下の片側に沿っていくつもドアが並んでおり、エレベーターは1基。廊下の奥には階段がありました。ここは中規模のファミリータイプのマンションです。

ともすると、「ペットならエレベーターではなく、階段から降りただろう」と決めつけて動き始めてしまいがちですが、マンションからいなくなった場合は、一戸建ての場合とはまた違った探し方が必要になります。まずはマンション内です。これまでの経験から、突然外に出たネコが潜んでいる可能性の高い場所がふたつあります。ひとつめがガスメーターボックスの中です。

ボックスにも種類がありますが、下にあるすき間から入り込んで、ガスメーターの上に座っていることがあるのです。中は暗くて、雨や風、人の目を避けられることから安心できるのでしょう。

ですからガスメーターの確認は、下から覗くだけでは足りません。必ずひとつずつドアを開けて中を見ていきます。足跡が残っていないかも同時にチェックします。ここでは各部屋の脇に設置されていたので、管理人さんの立ち会いのもとひとつずつ見せてもらいました。

もうひとつは、1階部分のお宅のベランダと地面の間です。そこには物が詰め込まれていたりするのですが、ここもネコが隠れやすいのです。1階部分が住人の庭になっているマンションの場合は、インターフォンで事情を話して見せてもらうようにします。

このようにマンション内でかなり動くことになるため、まずは管理人さんへの挨拶が欠かせません。幸い、柳田さんのマンションの管理人さんは快く協力してくれました。またこの時はお願いしませんでしたが、場合によっては、監視カメラの映像が捜索に役立つことがあるかもしれません。

しかしマロンの姿も痕跡もありませんでした。

「ネコちゃん、見たんですよ」

そこでチラシを作り、柳田さんと一緒に近隣のマンションや一戸建てをひとつひとつ訪ねていきました。懐中電灯で照らしながら夜まで捜してみても、この日は何の情報もなかったのです。

次の日、女性の声で電話が入りました。

「チラシのネコちゃん、見たんですよ。○○の△丁目に学習塾がありまして、息子が通っています。そこに迎えに行くときに、黒と白のかわいいネコちゃんが車にひかれて亡くなっているのを見ました。本当に残念ですが、お知らせだけでもと思って」

待ってくださいね、と言いながら地図で確認すると、女性の言う学習塾は柳田さんが住むマンションからわずか100メートルほどの距離にありました。そして日付も、行方不明になった直後だったのです。

ともかく柳田さんに情報を伝えます。

「いや、そんな……。それは、うちのネコかどうか分からないですし……」

ショックを受けるのも無理はありません。ただ確認をする意味で、柳田さんには近くの清掃局に電話を入れてもらうことにしました。こうした事故の場合、ペットを清掃局が引き取って処分していることが多々あるからです。

小一時間後に電話をくれた柳田さんの声は沈み込んでいました。

「確かにその日、ネコが1匹運ばれてきたそうです。布が掛けてあったので、毛色は分かりませんということでした」

清掃局が引き受けた場合、記録に残してくれるところとそうでないところがあります。この場合は記録はありませんでしたが、日付が近かったので、係の方が覚えていてくれたということでした。

もしかして「マロンがいます」という別の電話が入らないだろうか。

祈る思いでしたが、電話は鳴りません。この翌日に２件受けましたが、いずれも「前に、このネコがひかれていたのを見たと思います」という事故の目撃談だったのです。

「きっとあれがマロンだったんですね。でも見つかったことは、よかったことだと思います」

そう言う柳田さんに、私はいたたまれない思いでした。特徴も、場所も、日付もぴったり合っています。彼女が言っていたように「マロンが亡くなったご主人を探しに出た」のかは分かりませんが、彼女は家族を立て続けに失うことになってしまいました。こんなに悲しいことがあるだろうか。その思いでたまらなかったのです。

何もできないけれどもせめて、という思いで、私はお花を供えに行きました。マンションには柳田さんのお母さんが駆けつけてきていました。

予想もしない急展開

その２週間後、携帯にメッセージが入りました。あの柳田さんです。

「うちのマロンちゃんが無事に帰ってきました。よかった！

帰ってきてよかったです！」


ええっ！　どういうこと？　わけの分からないまま、私はすぐに電話を入れました。

これまでに聞いたことがないような明るい声の彼女が出ました。

「さっき帰宅したら、ドアの下にメモが差し込まれていたんです。ベランダ伝いにマロンが遊びに行っていた隣の方からだったんですが、『マロンちゃんをいま駐車場で見ましたよ』って。それで慌てて降りていきました。

そして名前を呼んだら、車のかげからマロンが現れたんです。そして寄ってきてくれて、一緒に帰ってきたんです」

ああ良かった、本当に良かった――!!

と同時に、こんなことがあるのかという感激でいっぱいになりました。学習塾の前で亡くなったネコは、本当にたまたま、似たような日本猫だったのでしょう。

外の世界を知らないマロンが、１カ月も生き抜いて戻ってくるなんて。きっと身の危険を感じるような過酷な体験もしてきたに違いありません。

マロンは少し痩せていますが、元気そうでケガもないとのこと。もしかしたら、本当にご主人を探しに出て行ったのかもしれません。そしてもしかしたら、亡くなったご主人もマロンが無事に家に帰れるようにと見守っていてくれたような気もします。

ネコをはじめとして、ペットは飼い主の顔色をつねに読んでいるものです。驚くほど愛情深い一面もありますから、マロンなりにご主人を探したあとは、奥さんのことを心配して何とか戻ってきたのかもしれません。

とはいえ実際のところは、あそこにいたのかもしれないという思いもよぎります。マンション周辺の場所はすべて確認しましたが、一カ所だけ怪しいなというところが残っていたのです。近隣にある大きな個人宅でした。

訪ねたところ「ネコはいないよー」と言われて、中を見せてはもらえなかったのですが、もしかしたらあの広大な庭に潜んでいたのかもしれません。またもしかすると倉庫などに閉じ込められていたかもしれません。特に台風や雪の前には、いつも開けている倉庫や駐車場が閉められてしまい、そのままネコなどが出られなくなることがあるのです。

とはいえマロンが戻ってきて本当によかった。もちろん柳田さんの再会の喜びには及びませんが、私もその晩は喜びに浸って過ごすことができました。

「迷子捜しマニュアルブック」の発表

「うちの子を探しています、何かアドバイスはありませんか」

「イヌを捜索して1年、できることはすべてやりましたが見つかりません」

講演が終わると、参加者が次々に席を立って私に語りかけてきました。皆さんそれぞれに事情も心配事もあるようです。どの声にも必死さがこもっていました。

2019年10月、私は「株式会社ほぼ日」のオフィス会場にいました。糸井重里さんが運営する犬猫SNSアプリ「ドコノコ」が、待望の迷子捜しマニュアルブックを発表することになり、監修をお引き受けしたのです。

講演会ではドコノコチームの田中政行さんと対談する形で、この「迷子猫捜しマニュアル」「迷子犬捜しマニュアル」に込めた思いをお話ししました。

　大事なペットがいなくなったら、どうするか。ネット検索すると様々なことが書いてありますが、ペットの種類や性格、環境によって探し方は大きく違ってきます。また慌ててはいけませんが、捜索はすぐに始めることが大切です。その際にはどこから、どんなことから始めればよいのか。自宅や敷地内のどこを確認すべきか。誰かに協力を頼むときはどうしたらいいか。本書でお話ししてきたこととも重なっていますが、「マニュアル」はより短時間に、捜索方法をつかんで頂けるはずです。

　その数日後に、電話が入ってきました。

「講演会でお話しした大宮と申します。世田谷区の自宅からいなくなったうちのネコの捜索を、藤原さんにお願いしたいと思って」

　すぐ女性の顔が浮かびました。

「うちのロックは黒猫で、保護主さんから譲り受けて一緒に暮らし始めました。身体は大きく、しっぽは長い雄です。病院に連れていくため、首輪とハーネスをつけて外出しようとしたところ、何か物音に驚いて逃げてしまったのです。

夜な夜な探しましたが、姿がありません。また協力して下さる方がいて捜索もしっかりやったのですが、見つからないままなのです」

首輪とハーネスがついたままなら、目撃情報があがりやすいでしょう。でもすでに行方不明になって1カ月、有力な情報がないということは、すでに外れてしまったのでしょうか。

秋が深まり始めていました。私は大宮さんのお宅へ行き、これまで行ってきた捜索状況を整理したうえで、改めて計画を練ります。

お宅の周囲は住宅地が広がっていました。特徴的なのは近くに、「環八」で知られる環状八号線、そして国道246号線があることです。どちらも片側3～4車線になる大きな通りで、その交通量は日本有数です。夜間にも決して車の途切れない大通りを、ネコが渡る可能性は低いはずです。

まだ捜していない地域を洗い出し、潜伏場所のリストアップや聞き込み、チラシ投函などを行います。また数件あがったという目撃情報の場所を確認しに行ってその日の作業を終えました。

その数日後、大宮さんへ電話が入ったのです。

ロック捜索のチラシ

畑に現れた黒猫

「ハーネスをつけた黒猫を、1週間前に畑で見ましたよ」

ハーネスがついているならロックに間違いないと、大宮さんと一緒に駆けつけました。行ってみると、近くの住宅地の中にぽつんとある小さな畑です。ロックの姿はなかったので、捕獲器を設置させてもらい、大宮さんに見回りと管理をお願いしました。

すると翌日、黒猫が入ったのです。

「捕獲器の中で暴れた形跡はありましたが、私が見に行くと静かにしていました。口のにおいが生臭くて、ロックとは違うのかなと一瞬思いましたが、声をかけながら運ぶと、畑から自宅までとてもいい子にしていました。ロックが無事に戻ってきて、本当に嬉しいです」

大宮さんの帰宅に少し遅れて、私もお邪魔して対面することになりました。

大きな組み立て式ケージに移されたロックは、とても野性的な雰囲気を放っています。鼻筋がはっきり通った顔立ち、大柄な身体、長いしっぽ。黒猫の雄には珍しくない見た目なのですが、写真で確認した通りです。ただし目撃情報にもあった首輪とハーネスは取れてしまったのか、まるで見つかりませんでした。

「ありがとうございました！」と喜ぶ大宮さんの声を聞いて、これで一件落着とお宅を後にします。

もちろん、「その後」があるなんて思いもしません。ですが本章の前半でお話ししたマロンのケースのように、この捜索にも驚愕の展開が待っていたのです。

「こんな情報が来たんです」

２カ月ほどたった頃、大宮さんから電話が入りました。ロックはもうすっかり落ち着いて暮らしているはずなのに、何かあったのだろうか。

「藤原さん、こんな電話があったんです。西田さんという女性の方からで、しばらく前から庭にロックらしきネコがご飯を食べに来ていると。そのお宅に通っているヘルパーの男性がポスターを見て気づいたそうです。先日の保護の後、ロックのポスターはすべて剝がしてしまっていましたから、ちょっと驚きました。

ポスターの写真によく似ているというその黒猫は痩せていますが、庭に用意してもらったご飯を食べて、回復しているそうです。夜になると、用意してもらった段ボール箱で寝ている、とも」

まさかという思いです。

「それで、お宅にいる黒猫の様子はどうなんですか？」

「ずいぶん経ちましたがまったく心を開いてくれなくて、ハウスから出てきません。私にも馴れません。でもまさか、別のネコかもしれないとは、私も電話があるまで思わなかったのですが……。

ですからすぐ、西田さんのお宅に行ったんです。とても親切なご夫婦で、庭には確かに非常によくロックに似たネコがいました。近づくと逃げてしまうのでじっくり確認はできませんが、いつも遊んでいるおもちゃを持って行って見せたら目の色が変わったんです。

ロックを譲り受けたときから一緒だった、ボロボロの虫のおもちゃです。その子は近づいてきて、私の手からネコパンチで取ろうとしました。その時ツメを出さなかったので、この子がロックだと確信したんです」

そこまで聞くと、思わず声が出ました。

「それがロックですね。保護しましょう。現場へ行きますよ」

大通りを2本渡った先に

西田さんの家の場所を、地図で確認してみて驚きました。自宅から「環八」も国道2

４６号も渡った方角で、１キロ先の住宅地なのです。
行って見ると、静かな住宅地です。西田さんの奥さんにご挨拶をすると、快くリビングに通して下さいました。窓越しには植木のある庭が見えています。そして確かに、ロックによく似た黒猫がやってきていました。なぜだかぴんと来ました。あれがロックなのです。

この庭にも奥さんにも馴れている様子なので、リビングに誘いこんで保護することもできるかもしれません。ただ事情があって、室内にネコを入れるのは避けてほしいということでした。するとやはり、捕獲器の出番ということになります。

まだお昼前でしたが、ちょうどこの日はクリスマスイブでした。

じっと見ていると、このまま行けそうだなという感触を抱きました。ただし捕獲器の設置は、私よりも大宮さんにお願いするのが良さそうです。ロックは大宮さんが庭に出ても逃げないというのです。

リビングの窓に面して置いてあるウッドベンチの端に大宮さんが捕獲器を置く間、ロックはじっとその様子を見ていました。

窓のカーテンに隠れながら見ていると、すぐにロックが近づいてきます。捕獲器のにおいを嗅ぎました。最初は入り口を、そして後ろ側に回って嗅ぎ、また入り口に回ってからすっと中に入りました。

カシャーン！

今度こそロックを保護した瞬間でした。

すぐ後ろを振り返り、「入りましたよ」と大宮さんと奥さんに伝えます。ふたりとも驚いて目を見開いています。ここまでの道中、大宮さんには「作戦を練ったり、仕掛けを工夫するために、保護まで何日か掛かるかもしれない」とお話ししていたので、なおさらだったかもしれません。

とはいえ、できるだけ早く保護するのがいいのですから、私もスペシャルな餌を捕獲器に仕掛けていました。数粒入りの小分けになっているカリカリに、「チャオ ちゅ～る」をかけ、さらにまたたびの粉をまぶしたもの。いわば〝三種盛り〟で、ネコにはものすごく良い香りがするのでしょう、ここ最近はこれで一発で入ってくれるのです。

西田さんの奥さんに深くお礼をお伝えして、自宅へ戻ります。

今度こそ本当のロック発見に至った立役者は、この西田さんの奥さんとヘルパーの男性でした。男性がもしポスターを見ていなかったら、もし電話をくれていなかったら、ロックはそのまま優しい西田さんの庭で生活していたでしょう。そして最初に保護した黒猫も「本当にロックかな」と時折思われつつも大宮さんと暮らしていったでしょう。

経験に学びながら

ただ捕獲器の中にいる本物のロックもロックで、おとなしくしているわけではありません。自宅に戻るまでの車中、金網にぶつかって擦り傷を負うほどでした。口から少し血を流しているので、大宮さんは帰宅するとすぐに布でできた小屋に移します。閉じ込められているのがよほど嫌なのでしょう。

するとボフッ、と小屋が持ち上がったのです。ロックが中で跳ねているので、小屋ごとジャンプしているのです。なかなかこんなことをやれるネコはいません。それを目の当たりにして思いました。ああ、こんなに身体能力のあるネコだったのか。それにしてもなぜ、普通なら避けるはずの大通りを２本も渡ったのだろうか。

じつは、西田さんの庭には三毛猫の姿が見え隠れしていました。ロックは雌を追いかけて、あの方角を目指したのかもしれません。

ロックのただならぬ雰囲気を警戒したのでしょう、間違って保護した黒猫は隠れてしまって出てきませんでした。

「こうやって比べてみるとようやく違いが分かりますが、よく似てますね」

「写真ではちょっと分かりませんね」

大宮さんと話しながらも、私は最初の「失敗」について考えていました。自分の手で捜索して戻したと思ったら「違っていた」のは、この20年間で過去に1度だけです。よくあることではありませんが、もちろん本物を家族にお返しするのが私の仕事です。

ペットは自分では「ただいま」とは言いません。ですから私と飼い主さんで「この子で間違いない」と判断することになります。ペットが戻ってきて、もし1週間ほど経っても様子が違っていたなら、別のネコやイヌの可能性があります。もしかすると思い当たるという読者の方もいらっしゃるかもしれません。

また先にもお話ししましたが、「この子で間違いない」という証拠になるのは、手術などの明らかな特徴のほかは、首輪やマイクロチップになるでしょう。家族再会を叶えるために、ぜひ検討してほしいと思います。

さてその後、ロックではないと分かった黒猫はどうなったでしょうか。しばらくした後、大宮さんはこう話してくれました。

「同じ区内で逃げた黒猫をお探しの方に、そのネコではないかどうかコンタクトをとっています。もし違っていたら、これもご縁なのでゆっくり気長に心を開いてくれるのを待ちながら、一緒に暮らしていこうと思っています」

経験から言って、黒猫は大柄で顔の彫りが深くて筋肉質であることが多いのです。また頭がよく、ふだんから思慮深いのも特徴です。ほかのネコならここまでというところを、もうちょっと考えて行動する一面があります。そんなに面白い黒猫２匹との生活なんて、とても羨ましいことです。

電話依頼を受けて出会うペットにも、飼い主さんにも、毎回本当に学ぶことがあります。今後も様々な出会いと再会を経験しながら、私はペット捜索をしていくのでしょう。だからこそ、この仕事に飽きるということは決してなさそうです。

▶「このネコがロック」の決め手になったおもちゃ

▼ロック（右）と先に保護した黒猫。一緒に暮らすようになって3週間、まだ互いに馴れない部分もあるが「2匹で餌を食べにくる姿はとてもかわいい。このままうちの子になってもらっても」（大宮さん）

おわりに

キラキラ光り輝く太陽と青い海。私はハワイにあるホテルのバルコニーに並べられた椅子に座っていました。心地よい潮風が吹き、バルコニーの先には椰子の木も見えています。

暖かな光をスポットライトのように浴びて、主役の二人が姿を見せました。この場に集った人々から祝福されながら微笑み、永遠の愛を誓います。私はこんな素敵な瞬間に立ち会えたことに感謝しつつ、純白のドレスに身を包んだ新婦と新郎の姿を眺めていました。

椅子に座る私の胸には、ソランの写真が入った金色の額縁がありました。ソランはまるで生きているかのように輝く瞳で、幸せそうな秋菜さんを見つめています。

秋菜さんと家族に愛されたソラン

遡ること数カ月前、京都の山科から「玄関のすき間から逃げてしまった」ネコの依頼をしてきたのが秋菜さんのお母さんでした。

すぐ捜索に入ったものの、ご家族も一緒に捜しているさなかソランは車にひかれて命を落としました。これ以上ない、悲しい結果に終わってしまいましたが、不思議とご縁が続き、こんな晴れの場所にソランの遺影とともに参加することになったのでした。

このように飼い主さんとやりとりが続くこと、「こんなに回復しました」「元気で暮らしています」と連絡が入ることは、私の何よりの励みになっています。

近年、おかげさまで仕事ぶりをメディアに取り上げて頂けるようになりました。捜索過程までドラマ化された「猫探偵の事件簿」は甲本雅裕さん主演で２０１８年12月、シリーズ第2作が２０１９年9月に放送され、本書第4章でお話ししたバニラのケースも原案になりました。

また前章で触れたとおり、糸井重里さんが運営する「ドコノコ」が２０１９年11月に公開した「迷子猫捜しマニュアル」「迷子犬捜しマニュアル」を監修させて頂きました。このマニュアルは、「ドコノコ」のアプリやホームページから、またこのページにあるＱＲコードからも、どなたでも無料でダウンロードすることができます。

これまで言葉で伝えられることのなかった発見のための基本的なノウハウを、飼い主さんの目線で分かりやすくご提供しています。このマニュアルで、一匹でも多くのペットが再びご家族のもとに戻れればと思います。

捜索の仕事についてお話しすると、「スペシャリスト」と思って頂くことも多いのですが、私は日々、驚かれるほどに地味な作業をしているだけです。ペットの状況を整理してから、自宅の周囲を捜し、必要があれば近所、それからもっと先へと範囲を広げていきます。それをするのに、特殊技能は要りません。いくら心が落ち着かなくても、

「あの子のために」とそこは踏ん張って、順序よく捜していくことが鉄則です。

本書を読んでくださった方の中には、「いまペットを探している」という飼い主さんもいらっしゃるかもしれません。つらい作業のなか、お話ししてきた実例の数々が何らかのかたちでお力になれればと願っています。

また、ひとつ皆さんにお願いができるとすれば、「探しています」というチラシやポスターを見たらぜひ目を通して頂きたいのです。一本の電話や、一枚の写真がいかに大きな解決の糸口になるかは、お話ししてきた通りなのですから。

捜索中はいつも想っています。

この手が届きますように。迷えるペットにたどり着きますように。

写真
8頁　新潮社写真部　菅野健児撮影
各章末　依頼者ご提供
図版　ブリュッケ

藤原博史　1969（昭和44）年兵庫県生まれ。ペット探偵。97年にペットレスキュー設立。これまで3000件を捜索、7割で発見に至る。ＮＨＫ ＢＳのドラマ「猫探偵の事件簿」のモデルになった。

Ⓢ新潮新書

850

210日《にち》ぶりに帰《かえ》ってきた奇跡《きせき》のネコ
ペット探偵《たんてい》の奮闘記《ふんとうき》

著　者　藤原博史《ふじわらひろし》

2020年２月20日　発行

構成　歌代幸子

発行者　佐　藤　隆　信

発行所　株式会社新潮社

〒162-8711　東京都新宿区矢来町71番地
編集部(03)3266-5430　読者係(03)3266-5111
https://www.shinchosha.co.jp

印刷所　株式会社光邦

製本所　加藤製本株式会社

ISBN978-4-10-610850-1　C0277

価格はカバーに表示してあります。